工业帮自动化系列教材

图解PLC与伺服/步进从入门到精通（彩图版）

杨锐　主编

武汉工邺帮教育科技有限公司　组编

华中科技大学出版社

中国·武汉

内 容 简 介

本书系统地介绍西门子 S7-200 PLC 与伺服系统、步进系统的编程和应用，主要内容包括绪论、松下 A5 伺服系统案例应用、台达 B2 伺服系统案例应用、西门子 V90 伺服系统案例应用、步进电机等内容。

本书图文并茂，程序带有详细的文字注释，特别适合初学者学习和使用。本书可作为电气工程技术人员学习西门子 PLC、伺服、步进技术的参考用书，也可作为高等院校和职业院校自动化、电气工程、机电一体化等相关专业学习 PLC 的参考用书。

图书在版编目（CIP）数据

图解 PLC 与伺服 / 步进从入门到精通：彩图版 / 杨锐主编；武汉工邮帮教育科技有限公司组编 .—武汉：华中科技大学出版社，2023.1

ISBN 978-7-5680-8903-6

Ⅰ.①图…　Ⅱ.①杨…　②武…　Ⅲ.① PLC 技术 – 图解　Ⅳ.① TM571.61-64

中国版本图书馆 CIP 数据核字（2022）第 238948 号

图解 PLC 与伺服 / 步进从入门到精通（彩图版）　　　　　　　　　　　　杨　锐　主编

Tujie PLC yu Sifu / Bujin cong Rumen dao Jingtong（Caitu Ban）　武汉工邮帮教育科技有限公司　组编

策划编辑：张少奇

责任编辑：杨赛君

封面设计：原色设计

责任监印：周治超

出版发行：华中科技大学出版社（中国·武汉）　　　电话：（027）81321913

　　　　　武汉市东湖新技术开发区华工科技园　　　　邮编：430223

录　　排：武汉工邮帮教育科技有限公司

印　　刷：武汉美升印务有限公司

开　　本：787mm×1092mm　1/16

印　　张：10.75

字　　数：266 千字

版　　次：2023 年 1 月第 1 版第 1 次印刷

定　　价：78.00 元

本书若有印装质量问题，请向出版社营销中心调换

全国免费服务热线：400-6679-118 竭诚为您服务

前　言

随着科学技术的发展，以可编程控制器（PLC）、变频器、伺服驱动系统等技术为主体的新型电气控制系统已经逐渐取代传统的继电器控制系统，并广泛应用于各个行业。其中，伺服驱动系统成为现代电气控制系统的重要核心组成部分。目前松下 A5 伺服驱动器、台达 B2 伺服驱动器、西门子 V90 伺服驱动器、步进电机是自动化控制行业的主流产品，市场占有率巨大，应用十分广泛。

本书详细介绍了伺服系统和步进系统的基本概念、硬件、接线端子、面板、参数设置、PLC 编程案例及其在工业中的应用等。

本书简单易懂，实用性强，针对指令还精心安排了大量的程序示例，方便初学者学习和实践。

本书可作为电气工程技术人员学习伺服系统、步进系统的参考用书，也可作为高等院校和职业院校自动化、电气工程、机电一体化等相关专业的参考用书。

由于编者水平有限，书中难免有不足之处，敬请广大读者批评指正。

编　者

2022 年 9 月

目 录

第1章

绪 论

伺服系统（servomechanism）又称随动系统、伺服控制系统，是用来精确地跟随或复现某个过程的反馈控制系统。伺服系统使物体的位置、方位、状态等输出被控量能够跟随任意变化的输入目标（或给定值）。它的主要任务是按控制命令的要求，对功率进行放大、变换与调控等处理，使驱动装置非常灵活、方便地输出力矩、速度和控制位置。在很多情况下，伺服系统专指被控量（系统的输出量）是机械位移或位移速度、加速度的反馈控制系统，其作用是使机械输出的位移（或转角）准确地跟踪输入的位移（或转角）。

一套伺服系统，必须具备三个部分，即指令部分（就是发信号的控制器，PLC 可以发信号，单片机也可以发信号）、驱动部分（又称伺服驱动器）和执行部分（伺服电机）。伺服系统的作用是实现伺服控制器的功能。它的控制模式有以下三种：

（1）转矩控制模式：伺服电机按给定的转矩进行旋转。

（2）速度控制模式：电机速度设定和电机上所带编码器的速度反馈形成闭环控制，使伺服电机实际速度和设定速度一致。

（3）位置控制模式：上位机给电机设定的位置与电机上所带编码器位置反馈信号或者设备本身的直接位置测量反馈信号进行比较形成位置闭环控制，以保证伺服电机运动到设定的位置。

伺服系统的特点如下。

（1）精确的检测装置：以形成速度和位置闭环控制；

（2）有反馈比较原理与方法：检测装置实现信息反馈的原理不同，伺服系统反馈比较方法也不相同，常用的有脉冲比较、相位比较和幅值比较 3 种；

（3）高性能的伺服电机（简称伺服电机）：用于高效和复杂型面加工的数控机床，伺服系统将经常处于频繁的启动和制动状态中，这就要求伺服电机的输出力矩与转动惯量的比值大，以产生足够大的加速力矩或制动力矩；要求伺服电机在低速时有足够大的输出力矩且运转平稳，以便在与机械运动部分连接中尽量减少中间环节。

（4）宽调速范围的速度调节系统（速度伺服系统）：从系统的控制结构看，数控机床的位置闭环控制系统可看作以位置调节为外环、速度调节为内环的双闭环自动控制系统，其内部的实际工作过程是把位置控制输入转换成相应的速度给定信号后，再通过调速系统驱动伺服电机，实现移动实际位移。数控机床对调速性能要求比较高，因此要求伺服系统为高性能的宽调速系统。

1.2 伺服控制系统的分类

根据伺服控制系统中是否存在检测反馈环节以及检测反馈环节所在的位置，伺服控制系统可分为开环伺服控制系统、半闭环伺服控制系统和闭环伺服控制系统三类，各类伺服控制系统组成、功能和特点如下。

1. 开环伺服控制系统

控制系统中没有检测反馈装置的，称为开环伺服控制系统，其结构原理框图如图 1-1 所示。该系统常用的执行元件是步进电机，以步进电机作为执行元件的开环伺服控制系统是步进式伺服系统。开环伺服控制系统结构简单，但精度不是很高。

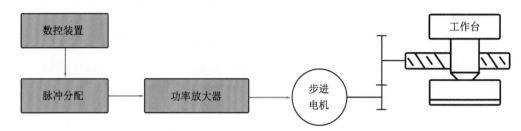

图 1-1 开环伺服控制系统结构原理框图

2. 半闭环伺服控制系统

通常把检测元件安装在电机轴端而组成的伺服系统称为半闭环伺服控制系统，其结构原理框图如图 1-2 所示。它与全闭环伺服控制系统的区别在于，其检测元件位于系统传动链的中间，工作台的移动位置通过电机上的传感器或是安装在丝杠轴端的编码器间接获得。

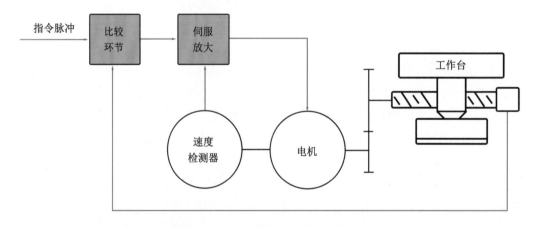

图 1-2 半闭环伺服控制系统结构原理框图

由于有部分传动链在系统闭环之外，故其定位精度比全闭环伺服控制系统的稍差。但由于测量角位移比测量线位移容易，并可在传动链的任何转动部位进行角位移的测量和反馈，故其结构比较简单，调整、维护也比较方便。

3. 全闭环伺服控制系统

全闭环伺服控制系统主要由执行元件、检测元件、比较环节、驱动电路和被控对象五部分组成，其结构原理框图如图 1-3 所示。驱动电路的主要任务是将指令脉冲转化为驱动执行元件所需的信号。全闭环伺服控制系统将位置检测器件直接安装在工作台上，从而可获得工作台实际位置的精确信息。检测元件检测出被控对象移动部件的实际位置并将位置信息转换成电信号反馈给比较环节。

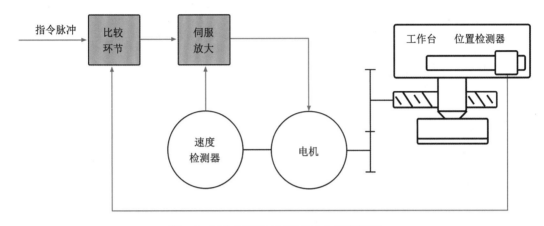

图 1-3 全闭环伺服控制系统结构原理框图

第2章

松下 A5 伺服系统案例应用

松下伺服驱动器有多个系列，松下 A5 伺服驱动器是目前应用较为广泛的伺服驱动器，本章以松下 A5 伺服驱动器为例进行讲解。

松下 A5 伺服驱动器型号：MADHT1507。伺服电机型号：MSMJ022G1U。

该伺服驱动器额定参数如下。

电源电压：单相或三相，220~240V。

额定输出电压：0~240V(三相)。

额定输出电流 :1.6A。

额定输出功率：200W。

编码器类型：增量式。

编码器分辨率：1048576（表示每转发 1048576 个脉冲）。

控制方式：位置控制（外部脉冲信号）。西门子 S7-200 系列 PLC 高速脉冲输出控制伺服驱动器。

2.1 松下 A5 伺服系统硬件介绍

松下 A5 系列伺服驱动器对原来的 A4 系列进行了性能升级，其设定和调整极其简单；所配套的电机，采用 20 位增量式编码器，且实现了低齿槽转矩；提高了在低刚性机器上的稳定性，可在高刚性机器上进行高速高精度运转，广泛应用于各种机器。

运动控制装置所采用的松下 A5 系列的伺服电机为 MSMJ022G1U 型，铭牌如图 2-1 所示，配套的伺服驱动器型号为 MADHT1507，型号说明如图 2-2 所示。

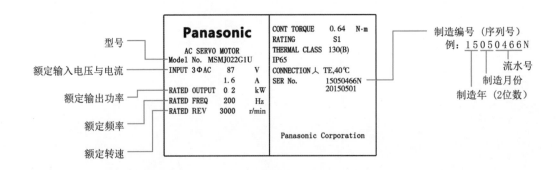

图 2-1 伺服电机铭牌

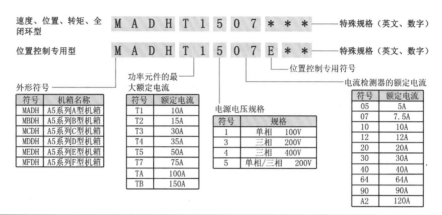

主电路电源	A~D 型	单相 / 三相 220~240V
	E、F 型	三相 200~230V

图 2-2 松下 A5 系列伺服驱动器型号说明

2.2 伺服接线端子介绍

松下 A5 伺服驱动器外壳上有可以连接的电源输入端子和电机连接端子，其面板示意图及说明如图 2-3 所示。

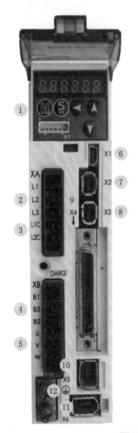

序号	名称	用途
1	按键操作器	模式切换键 / 设置键 / 数值增大键 / 数据变更向左进位键 / 数值减小键
2	L1、L2、L3 主电源输入端子	输入主回路电源
3	L1C、L2C 控制电源输入端子	输入控制回路电源
4	B1、B2、B3 再生放电电阻器连接器端子	使用驱动器内部制动电阻时，B2和B3短接，外接制动电阻时，拆除该短路接线，B1和B2外接制动电阻
5	U、V、W 电机连接端子	连接伺服电机 U、V、W 相
6	X1 USB 连接器	通过 USB 连接到电脑，用软件进行调试
7	X2 串行通信端口	与上位控制器连接时使用，提供连接RS232和RS485的接口
8	X3 安全功能端口	连接上位控制器，进行安全功能控制
9	X4 并行 IO 连接器	输入输出信号用的端口，连接外设控制器
10	X5 反馈光栅尺连接器	外部光栅尺的接口
11	X6 编码器连接器	与电机编码器端子连接的接口
12	PE 接地连接螺钉	与电源及电机接地端子连接，进行接地处理

图 2-3 松下 A5 系列伺服驱动器面板示意图及说明

■■2.2.1　电源输入连接器 XA 介绍

在日系伺服驱动器中，伺服驱动器输入电压有两种形式，第一种为三相 220V，第二种为单相 220V，控制电源为 220V。三相 220V 是指线电压，因日本的电压等级是线电压为 200V，相电压为 110V，所以会有输入三相 220V 电压。在接线时控制电源与伺服输入线电压一样，控制电源和输入的 R、S、T 中的任意两相连接，但是伺服系统在使用单相 220V 时不能满载工作，否则可能造成整流器过热。最好增设输入变压器将三相 380V 变为三相 220V 使用。主电源输入端子单相 220V 输入接线示意图和三相 220V 输入接线示意图如图 2-4 和图 2-5 所示。

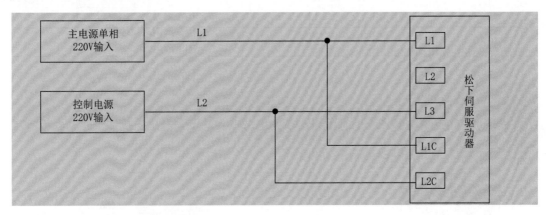

图 2-4　主电源输入端子单相 220V 输入接线示意图

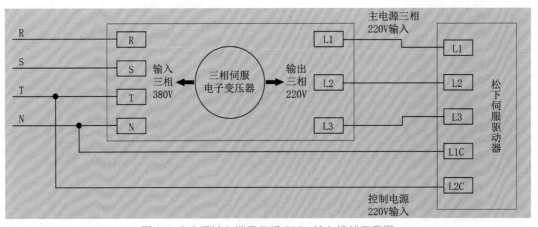

图 2-5　主电源输入端子三相 220V 输入接线示意图

■■2.2.2　再生放电电阻器连接器及电机连接端子 XB 介绍

XB 端子分为两部分：第一部分为再生放电电阻器的接线端子，即制动接线端子；第二部分为电机连接端子，即伺服的输出端子。

由于制动方式有两种，故制动接线端子有两种接线方式。第一种制动方式使用伺服驱动器内部制动电阻，即 B2 和 B3 短接，一般 A 型和 B 型不需要短接线，C 型和 D 型则需要短接线。注意：电机内置保持制动器仅用于维持停止状态，即保持停止，请勿用于停止电机负载运转。内置制动电阻连接方法如图 2-6 所示。

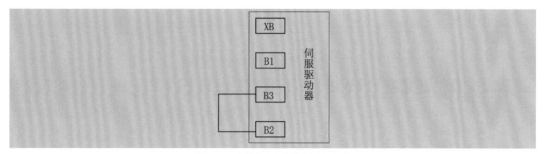

图 2-6 内置制动电阻连接方法

第二种制动方式为外接制动电阻，即首先拆除 B2 和 B3 的短接，B1 和 B2 外接制动电阻。制动电阻由设计人员单独选择，针对不同功率的伺服驱动器，选择的制动电阻也不一样。外接制动电阻的连接方式如图 2-7 所示。

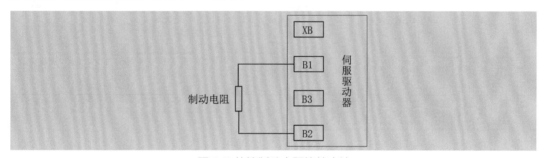

图 2-7 外接制动电阻连接方法

■■ 2.2.3 电源输出端子接线介绍

电源输出端子的接线方式为由伺服驱动器的 U、V、W 三相接入伺服电机的 U、V、W 三相，如图 2-8 所示。

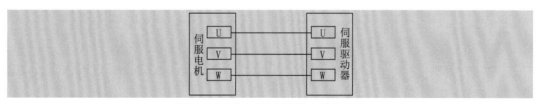

图 2-8 伺服驱动器与伺服电机的接线

■■ 2.2.4 伺服接地介绍

伺服驱动器接地线可以保护人员的安全，所以伺服驱动器的保护地线端子和控制器的保护地线必须连接，以免发生触电事故。保护地线端子有 2 个保护端子，切勿重复接地。伺服驱动器地线的连接如图 2-9 所示。

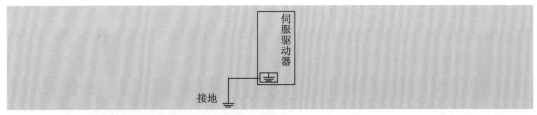

图 2-9 伺服驱动器地线的连接

■■■ 2.2.5 USB 连接器 X1 介绍

X1 通过 USB 连接到电脑，可用软件进行参数的设定和监视等，详细介绍见表 2-1。

表 2-1 伺服驱动器 USB 连接器 X1 介绍

端口	适用	记号	连接器引线码	内容
X1	USB 信号端子	VBUS	1	
		D−	2	在与电脑通信时使用
		D+	3	
		—	4	请勿连接
		GND	5	已连接至控制电路的接地

■■■ 2.2.6 串行通信端口 X2 介绍

X2 为串行通信端口，在与上位控制器连接时使用，提供连接 RS232 及 RS485 的接口，详细介绍见表 2-2。

表 2-2 伺服驱动器串行通信端口 X2 介绍

端口	适用	记号	连接器引线码	内容
X2	信号接地	GND	1	已连接至控制电路的接地
	NC	—	2	请勿连接
	RS232 信号	TXD	3	RS232 收发信号
		RXD	4	
	RS485 信号	485−	5	RS485 收发信号
		485+	6	
		485−	7	
		485+	8	

端口	适用	记号	连接器引线码	内容
X2	框体接地	FG	壳体	已在伺服驱动器内部与保护地线端子连接

伺服驱动器串行通信端口 X2 的引线配置图如图 2-10 所示。

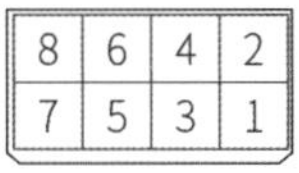

图 2-10 X2 的引线配置图（从电缆侧看）

■■■ 2.2.7 安全功能端口 X3 介绍

安全功能端口为标配，一般情况下请勿拔开。

连接上位控制器进行安全功能控制时，无法使用附带的连接器，所以请购买选配件。

伺服驱动器安全功能端口 X3 介绍见表 2-3。

表 2-3 伺服驱动器安全功能端口 X3 介绍

端口	适用	记号	连接器引线码	内容
X3	NC	—	1	请勿连接
		—	2	
	安全输入 1	SF1-	3	关闭功率模块的驱动信号，切断电源
		SF1+	4	
	安全输入 2	SF2-	5	
		SF2+	6	
	EDM 输出	EDM-	7	为监视安全功能故障而设置的监视器输出
		EDM+	8	
	框体接地	FG	壳体	已在伺服驱动器内部与地线端子连接

■■■ 2.2.8 并行 IO 连接器 X4 介绍

并行 IO 连接器 X4 用来连接外部上位机，以控制伺服驱动器。在使用上位控制器等外设控制器时，请设置在 3m 以内，与主电路配线的距离应超过 30cm。请勿使电缆铺设于同一缆槽或捆扎在一起。并行 IO 连接器端口分布如图 2-11 所示。

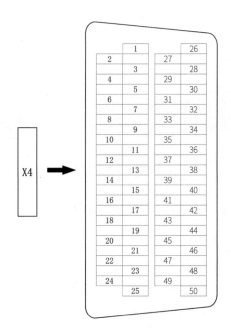

图 2-11 并行 IO 连接器端口分布

2.2.9 反馈光栅尺连接器 X5 介绍

外部光栅尺的电源须由用户准备，或使用外部光栅尺用电源输出 (电流 250mA 以下)。使用外部光栅尺应注意以下事项：

① 外部光栅尺用电缆请使用线制在 0.18mm^2 以上的外皮总体屏蔽双绞线电缆。

② 电缆长度请控制在 20m 以内。配线长度较长时，为减轻电压下降的影响，5V 电源推荐使用双配线。

③ 外部光栅尺的屏蔽外皮请与中继电缆的屏蔽外皮连接。此外，驱动器侧请务必将屏蔽线的外皮与连接器 X5 的壳体 (FG) 连接。

④ 配线请尽可能远离 (30cm 以上) 动力传送电缆 (L1、L2、L3、B1、B2、B3、U、V、W)，请勿将其铺设在同一条线槽中，也勿捆扎在一起。

⑤ CNX5 的空余引线端请勿连接。

伺服驱动器反馈光栅尺连接器介绍见表 2-4。

表 2-4 伺服驱动器反馈光栅尺连接器介绍

端口	适用	记号	连接器引线码	内容
X5	电源输出	EX5V	1	向反馈光栅尺或 A、B、Z 相编码器提供电源
		EX0V	2	已连接至控制电路的接地

端口	适用	记号	连接器引线码	内容
X5	外部光栅尺信号输入输出	EXPS	3	串行信号收发信号
		/EXPS	4	
	A、B、Z 相编码器信号输入	EXA	5	并行信号接收信号
		/EXA	6	
		EXB	7	
		/EXB	8	
		EXZ	9	
		/EXZ	10	
	框体接地	FG	壳体	已在伺服驱动器内部与地线端子连接

■■ 2.2.10 编码器连接器 X6 介绍

编码器为检测元件，主要用来检测电机角度位置并且可以将其换算成直线运行距离，还可以通过单位时间内的脉冲数来计算电机转速。编码器不管是用来检测速度还是位置，都是为了实现精确控制。

伺服驱动器编码器连接器的接线图如图 2-12 所示。

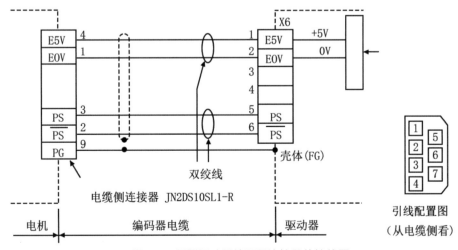

图 2-12 伺服驱动器编码器连接器的接线图

■■■ 2.2.11　伺服电机侧介绍

　　伺服电机侧的设备主要包含两部分，第一部分为编码器连接器，第二部分为电机连接器，如图 2-13 所示，使用时请遵循图纸接线。

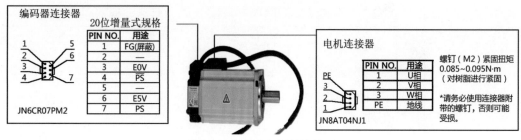

图 2-13 伺服电机侧的连接器

■■■ 2.2.12　位置控制模式配线图

　　位置控制模式配线图如图 2-14 所示。

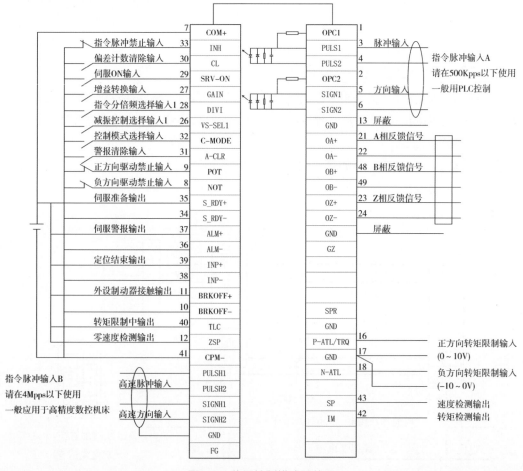

图 2-14 位置控制模式配线图

2.3　松下 A5 系列伺服驱动器的显示模式及操作

2.3.1　松下 A5 系列伺服驱动器操作面板介绍

伺服驱动器的参数设定通常有两种方法，一是通过 USB 与 PC 相连，利用专门软件设定，二是通过伺服驱动器本身操作面板设定。松下 A5 系列伺服驱动器可通过操作面板完成参数设定，操作面板按键功能如图 2-15 所示。

序号	内容
1	LED 显示屏 (6 位) 发生错误时转换为错误显示画面，LED 显示屏呈闪烁状态 (闪烁频率约 2Hz)。警报发生时 LED 显示屏呈缓慢闪烁状态 (闪烁频率约 1Hz)
2	模式切换 (选择表示时有效)，有 4 种模式： ① 监视器模式； ② 参数设定模式； ③ EEPROM 写入模式； ④ 辅助功能模式
3	监视器输出连接器
4	设置键 (常时有效)，转换选择显示与执行显示模式
5	数据变更向左进位键
6	数值增大键与数值减小键（或统称为方向键），在各模式中选择显示变更、数据变更、参数变更等，以及执行动作时使用 (小数点呈闪烁显示的位数有效)

图 2-15　松下 A5 系列伺服驱动器操作面板按键功能

2.3.2　松下 A5 系列伺服驱动器操作面板的使用方法

在操作面板上进行参数设置的操作包括参数设定和参数保存，具体使用方法如下。在调试参数的过程中，七段数码管字母显示请参考图 2-16。

1		6		A/a		F/f		K/k		P/p		U/u	
2		7		B/b		G/g		L/l		Q/q		V/v	
3		8		C/c		H/h		M/m		R/r		Y/y	
4		9		D/d		I/i		N/n		S/s		Z/z	
5		0		E/e		J/j		O/o		T/t		-	

图 2-16　七段数码管字母显示

1. LED 显示屏初始显示

当伺服驱动器接通电源时，其面板上 LED 显示屏显示如图 2-17 所示，LED 显示屏初始显示取决于参数 Pr5.28 的 LED 显示屏初始状态设定。

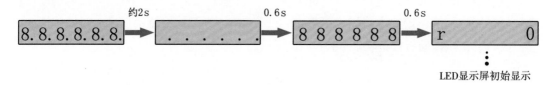

图 2-17 伺服驱动器操作面板上 LED 显示屏初始显示

2. LED 显示屏显示模式的切换

伺服驱动器有多种操作显示模式，触按伺服驱动器的模式切换键"MODE"，可实现各种显示模式的切换。各模式切换设置方法如下：

① 按"SET"键进入模式选择界面。

② 按"MODE"键在四种不同模式间切换。

四种显示模式如图 2-18 所示。

图 2-18 四种显示模式

①监视器模式：查看显示信息，如报警信息、电机不选择原因等。

②参数设定模式：设置参数。

③ EEPROM 写入模式：保存参数。

④辅助功能模式：常用的功能有电机试运行、报警解除、参数初始化等，见表 2-5。

表 2-5 伺服驱动器的辅助功能模式

功能	代码	功能	代码
报警解除	AF_AcL	电机试运行	AF_JoG
A1 零漂自动调整	AF_oF1	绝对编码器清零	AF_Enc
A2 零漂自动调整	AF_oF2	参数初始化	AF_ini
A3 零漂自动调整	AF_oF3	前面板解锁定	AF_unL

2.4　松下 A5 系列伺服驱动器的常见操作案例

伺服驱动器的参数种类较多，主要包括 7 类，即分类 0（基本设定）、分类 1（增益调整）、分类 2（振动抑制功能）、分类 3（速度、转矩、全闭环控制）、分类 4（I/F 监视器设定）、分类 5（扩展设定）和分类 6（特殊设定），因此强烈建议在使用之前将参数恢复出厂设置。

2.4.1　案例 1 参数设置步骤

先按"SET"键，再按"MODE"键，选择"PRr000"，切换到参数设定模式，按 ▲▼ 方向键选择通用参数的项目，按"SET"键进入。然后按 ▲▼ 方向键调整参数，调整完后，按"SET"键返回。

2.4.2　案例 2 参数恢复出厂设置

参数初始化在辅助功能模式下完成。按"MODE"键选择辅助功能模式，出现"AF_AcL"，然后按 ▲ 方向键选择辅助功能，当出现"AF_ini"时按"SET"键确认，即选择参数初始化功能，出现执行显示"ini"。持续按 ▲ 方向键约 2s，出现"StArt"时参数初始化开始，出现"FiniSh"时参数初始化结束。

2.4.3　案例 3 参数保存设置

按"MODE"键，选择"EE_SET"后按"SET"键确认，出现"EEP-"，然后持续按 ▲ 方向键 2s，出现"FINISH"或"Reset"，最后重新上电即完成参数保存。

2.4.4　案例 4 电机试运行参数设置

按"MODE"键，选择"AF_AcL"，然后按 ▲▼ 方向键选择"AF_JoG"，按"SET"键一次，显示"JOG-"，然后按 ▲ 方向键 3s 显示"ready"，再按 ◀ 键 3s，出现"Sru-on"锁紧轴，按 ▲▼ 方向键实现电机正反转。注意，先将伺服使能 20 号线 SRV-ON 断开。

2.5　松下 A5 系列伺服驱动器的参数设置

2.5.1　位置控制参数说明

伺服驱动装置工作于位置控制模式下。S7-224XP 的 Q0.0 输出脉冲作为伺服驱动器的位置指令，脉冲的数量决定了伺服电机的旋转位移，即机械手的直线位移，脉冲的频率决定了伺服电机的旋转速度，即机械手的运动速度；S7-224XP 的 Q0.2 输出脉冲作为伺服驱动器的方向指令。对于控制要求较为简单的装置，伺服驱动器可采用自动增益调整模式。松下 A5 伺服驱动器位置控制参数设置如表 2-6 所示。

表 2-6 伺服驱动器位置控制参数设置

序号	参数		设置数值	出厂值	功能和含义
	参数号	参数名称			
1	Pr5.28	LED 初始状态	1	1	显示电机转速
2	Pr0.01	控制模式设定	0	0	位置控制
3	Pr0.05	指令脉冲输入选择	0	0	作为指令脉冲输入，可选择光电耦合器输入或者长线驱动器专用输入
4	Pr0.06	指令脉冲旋转方向设置	1 或 0	0	设置指令脉冲输入的旋转方向，使用西门子系列 PLC，设置为 1，使用三菱 FX 系列 PLC，设置为 0
5	Pr0.07	指令脉冲输入方式	3	1	指令脉冲输入方式设置为脉冲序列＋符号
6	Pr0.08	电机每旋转一圈的脉冲数	4000	10000	设定电机每旋转 1 圈的指令脉冲数
7	Pr0.09	指令分倍频分子	1048576	0	如果 Pr0.08 为 0，Pr0.09 和 Pr0.10 有效
8	Pr0.10	指令分倍频分母	4000	10000	如果 Pr0.08 为 0，Pr0.09 和 Pr0.10 有效
9	Pr5.04	驱动禁止输入设定	0	1	设定驱动禁止输入（POT、NOT）的动作。设置为 2 时，POT／NOT 任何单方的输入，将发生 Err38.0（驱动禁止输入保护）
10	Pr5.18	指令脉冲禁止输入无效设定	0	1	设定指令脉冲禁止输入的有效或无效，设置为 0，不接收外部脉冲信号；设置为 1，屏蔽此功能。如 PLC 给伺服驱动器发信号，当其设置为 0 时，通过端子 33 发出低电平信号，不接收 PLC 的脉冲信号，设置为 1 时接收外部信号

■■■ 2.5.2　各位置控制参数的设定

1. Pr0.00 旋转方向设定

Pr0.00 旋转方向设定如表 2-7 所示，出厂值为 1。

表 2-7 Pr0.00 旋转方向设定

设定值	含义
0	颠倒
1	不颠倒

注意：设备调试时，如电机方向需要反转，可将 Pr0.00 设置为 0。

2. Pr0.01 控制模式设定

Pr0.01 控制模式设定如表 2-8 所示。

表 2-8 PR0.01 控制模式设定

设定值	含义
0	位置控制模式：上位机指定电机的设定位置和电机本身的编码器位置反馈信号或者设备本身的直接位置测量反馈信号进行比较形成位置闭环控制，以保证伺服电机运动到设定的位置
1	速度控制模式：电机的设定速度和电机上所带编码器的速度反馈信号形成闭环控制，以保持伺服电机实际速度和设定速度一致
2	转矩控制模式：让伺服电机按给定的转矩进行旋转

设置参数：将 Pr0.01 设置为 0，表示位置控制模式。

3. Pr0.03 实时自动增益的机械刚性选择

Pr0.03 是实时自动增益调整有效时的刚性调试设定参数，设定范围为 0~31，如图 2-19 所示。

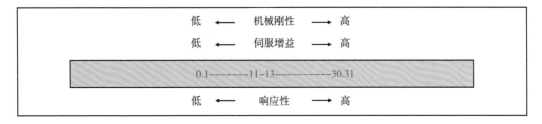

图 2-19 实时自动增益调整有效时的刚性调试设定

刚性值变高，则速度应答变快，伺服刚性也提高，但装置容易产生振动。一般要求在确认动作的同时，将设定值的低值变为高值。

4. Pr0.05 指令脉冲输入选择设定

Pr0.05 指令脉冲输入选择设定见表 2-9。

表 2-9 Pr0.05 指令脉冲输入选择设定

设定值	含义
0	光电耦合输入（PULS1、PULS2、SIGN1、SIGN2）
1	长线驱动器专用输入（PULSH1、PULSH2、SIGNH1、SIGNH2）

注意：此参数可以理解为伺服驱动的信号源。0 表示外部脉冲输入，如 PLC 指令脉冲输入；1 表示长线驱动器专用输入，即差分信号输入，需专用设备。

设置参数：将 Pr0.05 设置为 0，表示通过 PLC 发出脉冲。

5. Pr0.06 指令脉冲旋转方向设置

Pr0.06 指令脉冲旋转方向设置如表 2-10 所示。

表 2-10 Pr0.06 指令脉冲旋转方向设置

设定值	含义
0	低电平有效
1	高电平有效

注意：高低电平选择。使用西门子 S7 系列 PLC，Pr0.06 设置为 1；使用三菱 FX 系列 PLC，Pr0.06 设置为 0。

设置参数：将 Pr0.06 设为 1，表示使用西门子 S7 系列 PLC。

6. Pr0.07 指令脉冲输入方式

此参数需要结合 Pr0.06 进行指令脉冲输入配置，如表 2-11 所示。

表 2-11 指令脉冲输入配置

Pr0.06 指令脉冲极性设置值	Pr0.07 指令脉冲输入模式设置值	指令脉冲形式	信号名称	正方向指令	负方向指令
0	0 或者 2	90° 相位差 2 相脉冲 (A 相 +B 相)	PULS SIGN	B 相比 A 相超前 90°	B 相比 A 相滞后 90°
	1	正方向脉冲序列 + 负方向脉冲序列	PULS SIGN		
	3	脉冲序列 + 符号	PULS SIGN	"H"	"L"

Pr0.06 指令脉冲极性设置值	Pr0.07 指令脉冲输入模式设置值	指令脉冲形式	信号名称	正方向指令	负方向指令
1	0 或者 2	90° 相位差 2 相脉冲 (A 相 +B 相)	PULS SIGN	B 相比 A 相滞后 90°	B 相比 A 相超前 90°
	1	正方向脉冲序列 + 负方向脉冲序列	PULS SIGN		
	3	脉冲序列 + 符号	PULS SIGN		

90° 相位差：指编码器产生间隔 90° 的脉冲信号驱动伺服驱动器。

脉冲序列 + 符号：脉冲序列代表外部发送脉冲信号，符号为外部信号控制方向。

设置参数：将 Pr0.07 设置为 3，表示使用脉冲 + 方向模式。

7. Pr0.08 电机每旋转一圈的脉冲数

Pr0.08 用来设定电机每旋转一圈所需要的脉冲数。

设置参数：Pr0.08 =4000，表示 PLC 每发出 4000 个脉冲，电机转一圈。

8. Pr0.09 指令分倍频分子

此参数为电子齿轮比的分子，如果 Pr0.08 为 0，Pr0.09 和 Pr0.10 有效，一般设定为编码器的圈脉冲数。此编码器的分辨率为 1048576。

9. Pr0.10 指令分倍频分母

如果 Pr0.08 为 0，Pr0.09 和 Pr0.10 有效。此参数为电子齿轮比的分母，根据实际情况设定。

10. Pr5.04 驱动禁止输入设定

Pr5.04 用于设定驱动禁止输入（POT、NOT）的动作。Pr5.04 的驱动禁止输入设定如表 2-12 所示。

表 2-12 Pr5.04 驱动禁止输入设定

设定值	含义
0	POT 表示正方向驱动禁止；NOT 表示负方向驱动禁止。当 POT 端子 9 和 NOT 端子 8 低电平接通时，电机正常运行；当 POT 端子 9 或 NOT 端子 8 低电平断开时，电机停止运行

设定值	含义
1	POT/NOT 无效
2	POT 表示正方向驱动禁止；NOT 表示负方向驱动禁止。当 POT 端子 9 和 NOT 端子 8 低电平接通时，电机正常运行；当 POT 端子 9 或 NOT 端子 8 低电平断开时，电机停止运行。当 POT 端子 9 和 NOT 端子 8 在低电平断开时，将发生 Err38.0(驱动禁止输入保护)

设置参数：将 Pr5.04 设置为 0，表示当 POT 端子 9 和 NOT 端子 8 低电平接通时电机正常运行，当 POT 端子 9 或 NOT 端子 8 低电平断开时电机停止运行。

11. Pr5.18 指令脉冲禁止输入无效设定

Pr5.18 指令脉冲禁止输入无效设定如表 2-13 所示。

表 2-13 Pr5.18 指令脉冲禁止输入无效设定

设定值	含义
0	当指令脉冲禁止输入端子 33 低电平接通时电机正常运行，当指令脉冲禁止输入端子 33 低电平断开时电机停止运行
1	指令脉冲禁止输入端子 33 无效

设置参数 : 将 Pr5.18 设置为 0，表示当指令脉冲禁止输入端子 33 低电平接通时电机正常运行，当指令脉冲禁止输入端子 33 低电平断开时电机停止运行。

2.6 伺服驱动器及其与 PLC 的接线

1. 伺服驱动器 POT 端子 9 和 NOT 端子 8 的接线

伺服驱动器 POT 端子 9 和 NOT 端子 8 同时接通时，伺服驱动器才能够正常工作。松下伺服驱动器的信号线是低电平有效的，所以公共端 COM+ 接 24V。POT 端子 9 和 NOT 端子 8 通过限位开关的常闭触点给 0V 信号，与 COM+ 构成回路。触发任意一组限位开关，伺服驱动器执行限位保护，让伺服电机停止运行。伺服驱动器 POT 端子 9 和 NOT 端子 8 的接线如图 2-20 所示。

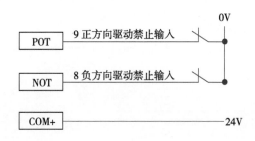

图 2-20 伺服驱动器 POT 端子 9 和 NOT 端子 8 的接线

2. 指令脉冲禁止输入端子 33 的接线

当指令脉冲禁止输入端子 33 低电平接通时电机正常运行，当指令脉冲禁止输入端子 33 低电平断开时电机停止运行。伺服驱动器采用脉冲 + 方向控制时，指令脉冲禁止输入端子 33 有使伺服电机停止运行的功能。松下伺服驱动器的信号线是低电平有效的，所以公共端 COM+ 接 24V。指令脉冲禁止输入端子 33 通过停止按钮的常闭触点给 0V 信号，与 COM+ 构成回路。指令脉冲禁止输入端子 33 的接线如图 2-21 所示。

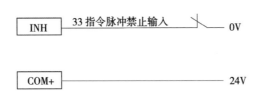

图 2-21 指令脉冲禁止输入端子 33 的接线

3. 伺服 ON 输入的接线

当伺服驱动器执行点动控制时，伺服 ON 输入一定要断开，否则无法进行伺服点动控制。当伺服驱动器采用脉冲 + 方向控制时，伺服 ON 输入线必须接通，这样伺服电机才能正常工作。伺服 ON 输入有点动控制与自动控制切换的功能。伺服 ON 输入的接线如图 2-22 所示。

图 2-22 伺服 ON 输入的接线

4. 伺服驱动器与 PLC 的接线

（1）脉冲信号接线。

OPC1 端子 1、PULS1 端子 3、PULS2 端子 4 是伺服驱动器的脉冲信号端子。PULS2 端子 4 是脉冲信号的负极，接 0V。OPC1 端子 1 有内置电阻，PLC 提供 24V 电压脉冲信号，与 PULS2 端子 4 构成回路。PULS1 端子 3 无内置电阻，PLC 提供的 24V 脉冲信号需要串联 2.2kΩ 电阻，与 PULS2 端子 4 构成回路。这里以西门子 200 PLC 为例说明。西门子 200 PLC 的 Q0.0 和 Q0.1 可发送高速脉冲，选择 Q0.0 发送高速脉冲，采用内置电阻的接线如图 2-23 所示，采用外置电阻的接线如图 2-24 所示。

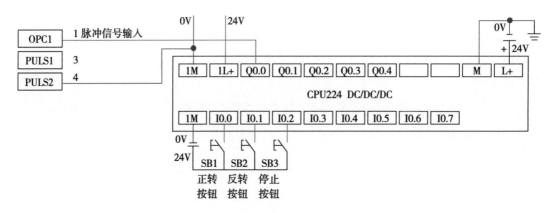

图 2-23 采用内置电阻的接线（脉冲信号）

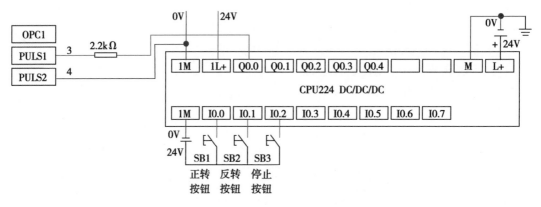

图 2-24 采用外置电阻的接线（脉冲信号）

（2）方向信号接线。

OPC2 端子 2、SIGN1 端子 5 、SING2 端子 6 是伺服驱动器的方向信号端子。SING2 端子 6 是方向信号的负极，接 0V。OPC2 端子 2 有内置电阻，PLC 提供 24V 电压信号，与 SING2 端子 6 构成回路。SIGN1 端子 5 无内置电阻，PLC 提供的 24V 电压信号需要串联 2.2kΩ 电阻，与 SING2 端子 6 构成回路。这里以西门子 200 PLC 为例说明。西门子 200 PLC 的 Q0.0 和 Q0.1 是高速脉冲，选择 Q0.2 为方向信号。采用内置电阻的接线如图 2–25 所示，采用外置电阻的接线如图 2–26 所示。

5. 伺服驱动器与 PLC 的完整接线

这里以西门子 200 PLC 为例说明。西门子 200 PLC 的 Q0.0 为高速脉冲，Q0.2 为方向信号，采用内置电阻接线方式。NOT 端子 8 接限位开关 SQ1，POT 端子 9 接限位开关 SQ2，指令脉冲禁止输入端子 33 接按钮开关 SB4，伺服 ON 输入端子 29 接按钮开关 SB5。伺服驱动器与 PLC 完整接线见图 2–27。

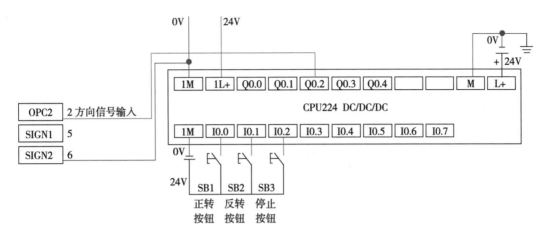

图 2-25 采用内置电阻的接线（方向信号）

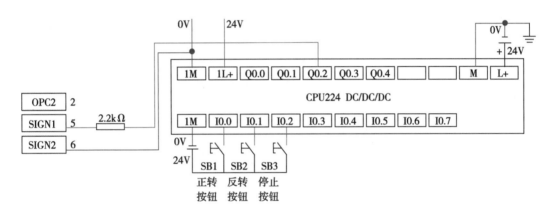

图 2-26 采用外置电阻的接线（方向信号）

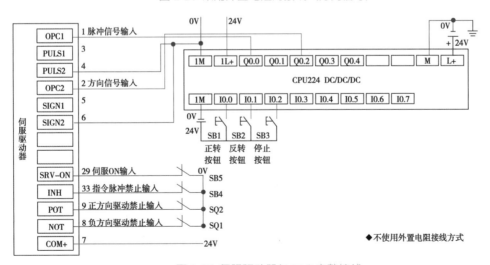

图 2-27 伺服驱动器与 PLC 完整接线

2.7 PTO 脉冲周期程序编写

利用高速脉冲输出指令可让 CPU 模块内部的高速脉冲发送器输出占空比为 50%、周期可调的方波脉冲（即 PTO 脉冲），或者输出占空比和周期均可调节的脉宽调制脉冲（即 PWM 脉冲）。占空比是高电平时间与周期的比值。PTO 脉冲和 PWM 脉冲如图 2-28 所示。

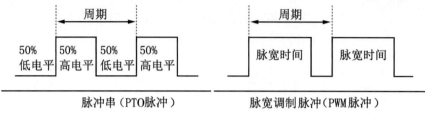

图 2-28 PTO 脉冲和 PWM 脉冲

在使用脉冲发生器功能时，其产生的脉冲从 Q0.0、Q0.1 端子输出，若不使用脉冲输出功能，这两个端子恢复普通端子的功能。要使用高速脉冲发生器功能，PLC 应选择晶体管输出型，以满足高速输出要求。

S7-200 PLC 有两路 PTO/PWM 发生器，建立高速脉冲串或脉宽调节信号波形。一路发生器指定给数字输出点 Q0.0，另一路发生器指定给数字输出点 Q0.1。一个指定的特殊内存（SM）位置为每路发生器存储以下数据：一个控制字节（8 位值）、一个脉冲计数值（一个不带符号的 32 位值）和一个周期与脉宽值（一个不带符号的 16 位值）。

要让高速脉冲发生器产生符合要求的脉冲，需对其进行有关控制及参数设置。另外，读取其工作状态可触发需要的操作。

2.8 控制字节解释

高速脉冲发生器的控制采用一个 SM 控制字节 (8 位)，用来设置脉冲输出类型 (PTO 或 PWM)、脉冲时间单位等内容。高速脉冲发生器的控制字节说明见表 2-14。例如，当 SM67.6=0 时，Q0.0 端子输出 PTO 脉冲；当 SM67.6=1 时，Q0.0 端子输出 PWM 脉冲；当 SM67.7=1 时，允许 Q0.0 端子输出脉冲。

表 2-14 高速脉冲发生器的控制字节说明

Q0.0	Q0.1	控制字节		
SM67.0	SM77.0	PTO/PWM 更新周期值	0= 不更新	1= 更新周期值
SM67.1	SM77.1	PWM 更新脉冲宽度值	0= 不更新	1= 更新脉冲宽度值
SM67.2	SM77.2	PTO 更新脉冲数	0= 不更新	1= 更新脉冲数
SM67.3	SM77.3	PTO/PWM 时间基准选择	0=1μs/ 格	1=1ms/ 格
SM67.4	SM77.4	PWM 更新方法	0= 异步更新	1= 同步更新
SM67.5	SM77.5	PTO 操作	0= 单段操作	1= 多段操作
SM67.6	SM77.6	PTO/PWM 模式选择	0= 选择 PTO	1= 选择 PWM

Q0.0	Q0.1	控制字节		
SM67.7	SM77.7	PTO/PWM 允许	0= 禁止	1= 允许

2.9　PTO 周期控制字节选择

高速脉冲发生器的控制字节需要设置的控制位较多，采用对照表连位确定各功能位值比较麻烦，表 2-15 所示为高速脉冲发生器控制字节的常用设置及对应实现的控制功能。

表 2-15　高速脉冲发生器控制字节的常用设置

控制寄存器（16 进制）	执行 PLS 指令的结果							
	允许	模式选择	PTO 段	PWM 更新方法	时间基准	脉冲数	脉冲宽度	周期
16 # 81	YES	PTO	单段		1μs/ 周期			装入
16 # 84	YES	PTO	单段		1μs/ 周期	装入		
16 # 85	YES	PTO	单段		1μs/ 周期	装入		装入
16 # 89	YES	PTO	单段		1ms/ 周期			装入
16 # 8C	YES	PTO	单段		1ms/ 周期	装入		
16 # 8D	YES	PTO	单段		1ms/ 周期	装入		装入
16 # A0	YES	PTO	多段		1μs/ 周期			
16 # A8	YES	PTO	多段		1ms/ 周期			
16 # D1	YES	PWM		同步	1μs/ 周期			装入
16 # D2	YES	PWM		同步	1μs/ 周期		装入	
16 # D3	YES	PWM		同步	1μs/ 周期		装入	装入
16 # D9	YES	PWM		同步	1ms/ 周期			装入
16 # DA	YES	PWM		同步	1ms/ 周期		装入	
16 # DB	YES	PWM		同步	1ms/ 周期		装入	装入

从表 2-15 可见，能够允许 PTO 脉冲，同时装入脉冲数和周期的设置参数分别为 16#85 和 16#8D。参数 16#85 发送脉冲的周期单位是 μs，参数 16#8D 发送脉冲的周期单位是 ms。

2.10　PTO 脉冲周期参数解释

参数 16#85 和 16#8D 如何得来？

见表 2-16，以 SMB67 为例说明。SM67.0 选 1（更新周期值），SM67.1 选 0（PLC 用的是 PTO 脉冲，PWM 选 0），SM67.2 选 1（更新脉冲数），SM67.3 选 0（PTO 脉冲周期单位为 μs），SM67.3 选 1（PTO 脉冲周期单位为 ms），SM67.4 选 0（PLC 用的是 PTO 脉冲，PWM 选 0），SM67.5 选 0（单段操作），SM67.6 选 0（选择 PTO 模式），SM67.7 选 1（允

许 PTO 发脉冲）。

综上，SMB67=2#10000101=16#85，选择的周期单位是 μs。SMB67=2#10001101=16#8D，选择的周期单位是 ms。

表 2-16 参数 16#85 和 16#8D 的得来

Q0.0	Q0.1	控制字节			周期单位（ms）	周期单位（μs）
SM67.0	SM77.0	PTO/PWM 更新周期值	0= 不更新	1= 更新周期值	1	1
SM67.1	SM77.1	PWM 更新脉冲宽度值	0= 不更新	1= 更新脉冲宽度值	0	0
SM67.2	SM77.2	PTO 更新脉冲数	0= 不更新	1= 更新脉冲数	1	1
SM67.3	SM77.3	PTO/PWM 时间基准选择	0=1μs/ 格	1=1ms/ 格	1	0
SM67.4	SM77.4	PWM 更新方法	0= 异步更新	1= 同步更新	0	0
SM67.5	SM77.5	PTO 操作	0= 单段操作	1= 多段操作	0	0
SM67.6	SM77.6	PTO/PWM 模式选择	0= 选择 PTO	1= 选择 PWM	0	0
SM67.7	SM77.7	PTO/PWM 允许	0= 禁止	1= 允许	1	1

2.11 周期数值存放

Q0.0 周期数值存放到 SMW68 中，Q0.1 周期数值存放到 SMW78 中，见表 2-17。

表 2-17 周期数值存放地址

Q0.0	Q0.1	其他 PTO/PWM 寄存器
SMW68	SMW78	PTO/PWM 周期值（范围：2 ~ 65535）

2.12 PTO 周期选择

周期是由数值和单位两部分组成的。

以 Q0.0 为例说明 PTO 周期选择。PLC 以 200μs(1s 发 5000 个脉冲) 的周期发脉冲的程序如图 2-29 所示。

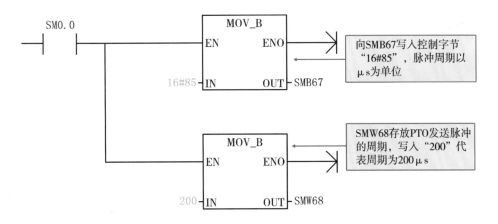

图 2-29 1s 发 5000 个脉冲的程序

PLC 以 10ms（1s 发 100 个脉冲）的周期发脉冲的程序如图 2-30 所示。

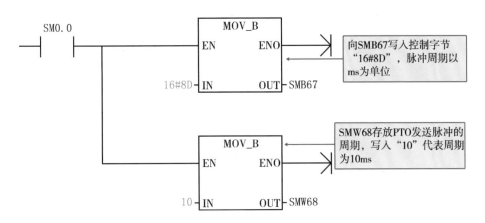

图 2-30 1s 发 100 个脉冲的程序

2.13 PTO 脉冲总数选择

Q0.0 脉冲总数存放到 SMD72 中，Q0.1 脉冲总数存放到 SMD82 中，见表 2-18。

以 Q0.0 为例，PLC 以 200 μ s(1s 发 5000 个脉冲) 的周期发 20000 个脉冲的程序如图 2-31 所示。

表 2-18 脉冲总数存放地址

Q0.0	Q0.1	其他 PTO/PWM 寄存器
SMD72	SMD82	PTO 脉冲计数值（范围：1～4，294，967，295）

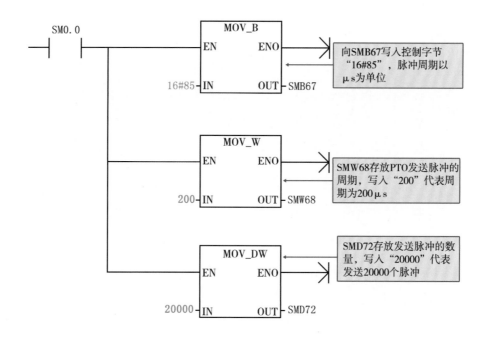

图 2-31 发 20000 个脉冲的程序

2.14 PTO 脉冲激活

PLS 指令激活一次，PLC 按照选择的周期和脉冲总数发一次脉冲。PLS 指令激活多次，PLC 按照选择的周期和脉冲总数发送多次脉冲。所以一定要用上升沿来激活 PLS 指令。PLS 指令见图 2-32。

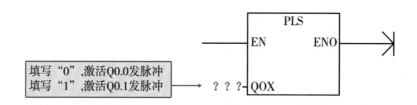

图 2-32 PLS 指令

以 Q0.0 为例，按一次"I0.0"，PLC 以 200μs(1s 发 5000 个脉冲) 的周期发 20000 个脉冲的程序如图 2-33 所示。

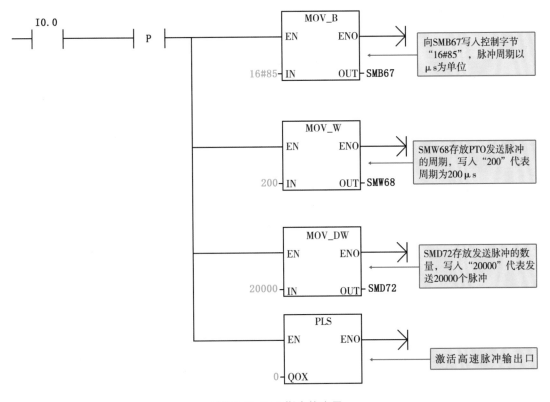

图 2-33 PLS 指令的应用

2.15 电子齿轮比介绍

电子齿轮比实际上是一个脉冲放大倍率。实际上，上位机所发的脉冲经电子齿轮放大 后再送入偏差计数器，因此上位机所发的脉冲数，不一定就是偏差计数器所接收到的脉冲数。

输入脉冲与反馈脉冲的关系如图 2-34 所示。

图 2-34 输入脉冲与反馈脉冲的关系

计算公式：PLC 发出的脉冲数 × 电子齿轮比 = 编码器接收的脉冲数。

Pr0.08 ≠ 0 时，电子齿轮比由编码器分辨率和 Pr0.08 的比值确定，即

$$电子齿轮比 = \frac{编码器的分辨率}{Pr0.08}$$

Pr0.08 =0 时，电子齿轮比由 Pr0.09 和 Pr0.10 的比值确定，即

$$电子齿轮比 = \frac{Pr0.09}{Pr0.10}$$

【例 1】 PLC 发 5000 个脉冲，电机旋转 1 圈，如何设置电子齿轮比？

【解】 电机旋转 1 圈，编码器接收的脉冲数为 1048576。

方案 1：Pr0.08 ≠ 0 时，编码器接收的脉冲数 = PLC 发出的脉冲数 × $\dfrac{编码器的分辨率}{Pr0.08}$（电子齿轮比），将数值代入公式：

$$1048576 = 5000 \times \frac{1048576}{Pr0.08}$$

得到 Pr0.08=5000，所以电子齿轮比为 $\dfrac{1048576}{5000}$。

方案 2：Pr0.08=0 时，编码器接收的脉冲数 = PLC 发出的脉冲数 × $\dfrac{Pr0.09}{Pr0.10}$（电子齿轮比），将数值代入公式：

$$1048576 = 5000 \times \frac{Pr0.09}{Pr0.10}$$

得到 $\dfrac{Pr0.09}{Pr0.10} = \dfrac{1048576}{5000}$，所以电子齿轮比为 $\dfrac{1048576}{5000}$。将 Pr0.09 设为 1048576，将 Pr0.10 设为 5000。

【例 2】 丝杠螺距是 4mm，机械减速齿轮比为 1 : 1，松下 A5 伺服电机编码器的分辨率为 1048576，脉冲当量 LU 为 0.001mm（LU 为发一个脉冲工件移动的最小位移），如何设置电子齿轮比？

【解】 电子齿轮比设置过程见表 2-19。

表 2-19 电子齿轮比设置

图示	精度：0.001mm　负载轴　工件 编码器分辨率：1048576　　滚珠丝杠（螺距：4mm）
机械结构参数	滚珠丝杠的螺距：4mm 减速齿轮比：1 : 1
编码器分辨率	1048576（松下 A5 伺服电机编码器）
定义 LU(脉冲当量)	1LU=1 μ m=0.001mm

计算负载轴每转的脉冲数	4mm/0.001mm=4000
计算电子齿轮比	当 Pr0.08 ≠ 0 时，根据公式编码器接收的脉冲数 = PLC 发出的脉冲数 × $\dfrac{\text{编码器的分辨率}}{\text{Pr0.08}}$（电子齿轮比），将数值代入公式：$$1048576 = 4000 \times \dfrac{1048576}{\text{Pr0.08}}$$ 得到 Pr0.08=4000，所以电子齿轮比为 $\dfrac{1048576}{4000}$ 当 Pr0.08=0 时，根据公式编码器接收的脉冲数 = PLC 发出的脉冲数 × $\dfrac{\text{Pr0.09}}{\text{Pr0.10}}$（电子齿轮比），将数值代入公式：$$1048576 = 4000 \times \dfrac{\text{Pr0.09}}{\text{Pr0.10}}$$ 得到 $\dfrac{\text{Pr0.09}}{\text{Pr0.10}} = \dfrac{1048576}{4000}$，所以电子齿轮比为 $\dfrac{1048576}{4000}$
设置参数	方法 1：Pr0.08 设置为 4000，Pr0.09、Pr0.10 不用设置 方法 2：Pr0.08 设置为 0，Pr0.09 设置为 1048576，Pr0.10 设置为 4000

2.16 PLC 程序控制案例

案例 1：松下 A5 伺服驱动器正反转控制

单轴丝杠螺距为 4mm，伺服控制的精度要求为 0.001mm。要求按下"I0.0"，伺服电机正转，运动平台移动 20mm，且在 2s 内完成；按下"I0.1"，伺服电机反转，运动平台移动 20mm，且在 2s 内完成；按下"I0.2"，电机停止运行。求对应的脉冲数，并写出相应的程序。本案例运动控制平台示意图如图 2-35 所示，I/O 分配表见表 2-20。

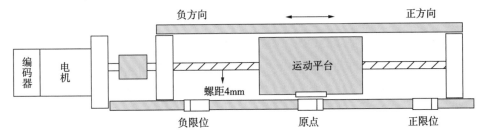

图 2-35 案例 1 运动控制平台示意图

表 2-20 案例 1 I/O 分配表

输入	功能	输出	功能
I0.0	正转按钮	Q0.0	脉冲输出口
I0.1	反转按钮	Q0.2	电机运行方向
I0.2	停止按钮		

第一步：计算电机转一圈需要的脉冲数。

伺服控制精度要求为 0.001mm，那么可理解为伺服驱动器发一个脉冲，运动平台走的距离为 0.001mm。由题意可知，单轴丝杠螺距为 4mm，即电机转一圈丝杠（或运动平台）走的距离为 4mm。

可计算电机转一圈需要的脉冲数为 4mm/0.001mm=4000。

那么要达到控制精度 0.001mm 的要求，走一圈脉冲数（简称"圈脉冲"）必须达到 4000 个以上。本案例取 4000 个。

第二步：计算电机需要的总脉冲数。

根据题意要求按下"I0.0"运动平台走 20mm，由此可知伺服电机需要转 5 圈，由上述分析以及案例要求，圈脉冲为 4000 个。

可计算电机需要的总脉冲数为 5 × 4000=20000。

第三步：计算脉冲周期。

由题意可知需要在 2s 内走完 20mm，脉冲总量为 20000 个。

可计算脉冲周期为 2s/20000=0.0001s=0.1ms=100μs。

第四步：调节伺服驱动器电子齿轮比。

松下 A5 伺服电机编码器的分辨率为 1048576，那么可知伺服电机转一圈，编码器输出 1048576 个检测脉冲。

如果丝杠螺距为 4mm，那么可以求出伺服电机的固有精度即固有脉冲当量为 4mm/1048576。

如果要求输入一个指令脉冲时，运动平台位移为 0.001mm(指令脉冲当量)，那么伺服电机转一圈需要输入的指令脉冲数为 4mm/0.001mm=4000。就是说，伺服电机转一圈时，输给主控器的指令脉冲量是 4000 个，每输入一个指令脉冲，运动平台精确移动 0.001mm；电机转一圈输入的指令脉冲量（4000 个）和编码器输出的检测脉冲量（1048576 个）不相符，这时候我们通过伺服放大器内部虚拟电子齿轮，利用电子齿轮比将指令脉冲量（4000 个）换算成编码器分辨率（1048576）。

可得到电子齿轮比为 1048576/4000。

伺服驱动器电子齿轮比的调节方法有两种。

第一种方法：直接设置圈脉冲，不用设置电子齿轮比分子、分母参数，见表 2-21。

表 2-21 直接设置圈脉冲

Pr0.08	电机每旋转一圈的脉冲数	4000	设定相当于电机每旋转一圈的指令脉冲数

第二种方法：不设置圈脉冲，设置电子齿轮比分子、分母参数，见表 2–22。

表 2-22 设置电子齿轮比分子、分母

Pr0.08	电机每旋转一圈的脉冲数	0	设置为 0，电子齿轮比需通过 Pr0.09 和 Pr0.10 设定
Pr0.09	指令分倍频分子	1048576	Pr0.08 为 0，Pr0.09 和 Pr0.10 有效
Pr0.10	指令分倍频分母	4000	Pr0.08 为 0，Pr0.09 和 Pr0.10 有效

第五步：编写 PLC 程序。

主程序如图 2-36 所示。

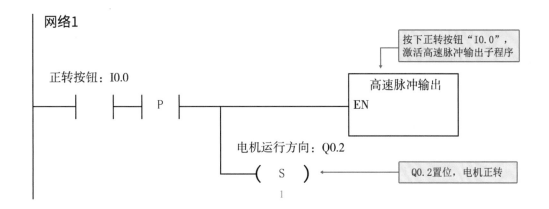

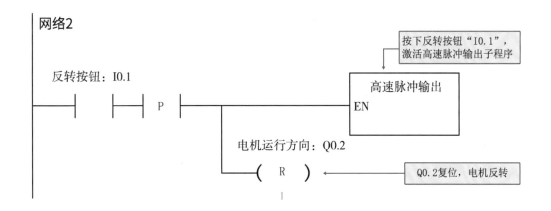

图 2-36 松下 A5 伺服驱动器正反转控制主程序

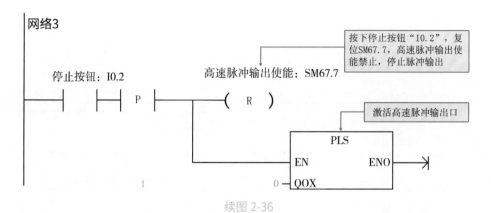

续图 2-36

高速脉冲输出子程序如图 2-37 所示。

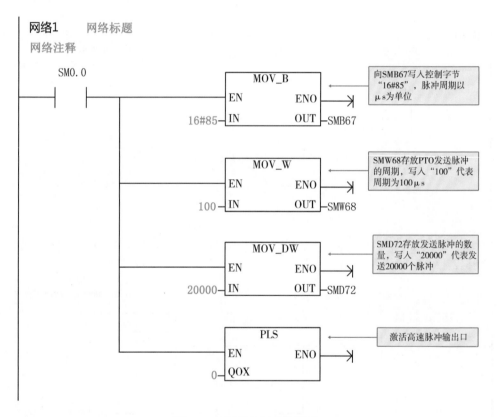

图 2-37 高速脉冲输出子程序

■■■ 案例 2：松下 A5 伺服系统左右限位往返运动控制

单轴丝杠螺距为 4mm，伺服控制的精度要求为 0.001mm。要求按下 "I0.0"，伺服电机正转，且运动平台在 32s 内完成一次往返运动。正限位到负限位的距离为 30mm，一次往返运动距离为 60mm。按下 "I0.1"，伺服电机停止运行。运动平台碰到负限位以后，伺服电机正转。运动平台碰到正限位以后，伺服电机反转。按照要求编写相应的程序。本案例运动控制平台示意图如图 2-38 所示，I/O 分配表见表 2-23。

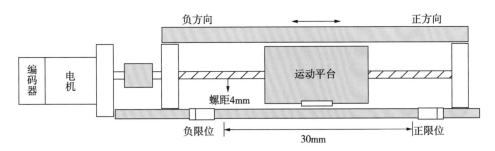

图 2-38 案例 2 运动控制平台示意图

表 2-23 案例 2 I/O 分配表

输入	功能	输出	功能
I0.0	启动按钮	Q0.0	脉冲输出口
I0.1	停止按钮	Q0.2	电机运行方向
I1.0	右限位		
I1.1	左限位		

第一步：计算电机转一圈需要的脉冲数。

伺服控制精度要求为 0.001mm，那么可理解为伺服驱动器发一个脉冲，运动平台走的距离为 0.001mm。由题意可知，单轴丝杠螺距为 4mm，即电机转一圈丝杠（或运动平台）走的距离为 4mm。

可计算电机转一圈需要的脉冲数为 4mm/0.001mm=4000。

那么要达到控制精度 0.001mm 的要求，圈脉冲必须达到 4000 个以上。本案例取 4000 个。

第二步：计算电机需要的总脉冲数。

由题意可知，正限位到负限位的距离为 30mm，电机转一圈，运动平台的位移为 4mm，因此电机需要转 7.5 圈（30mm/4mm=7.5），运动平台才能走完 30mm。由第一步分析可知，本案例圈脉冲为 4000 个，所以可计算电机需要的总脉冲数为 4000×7.5=30000。

第三步：计算脉冲周期。

由题意可知运动平台需要在 16s 内走完 30mm，脉冲总量为 30000 个。

可计算脉冲周期为 16s/30000=0.000533s=0.533ms=533μs≈530μs。

第四步：调节伺服驱动器电子齿轮比。

松下 A5 伺服电机编码器的分辨率为 1048576，那么可知道伺服电机转一圈，编码器输出 1048576 个检测脉冲。

如果丝杠螺距为 4mm，那么可以求出伺服电机的固有精度即固有脉冲当量为 4mm/1048576。

如果要求输入一个指令脉冲时，运动平台位移为 0.001mm（指令脉冲当量），那么伺服电机转一圈需要输入的指令脉冲数为 4mm/0.001mm=4000。就是说，伺服电机转一圈时，输给主控器的指令脉冲量是 4000 个，每输入一个指令脉冲，运动平台精确移动 0.001mm；电机转一圈输入的指令脉冲量（4000 个）和编码器输出检测脉冲量（1048576 个）不相符，这时候我们通过伺服放大器内部虚拟电子齿轮，利用电子齿轮比将指令脉冲量（4000 个）换算成编码器分辨率（1048576）。

可得到电子齿轮比为 1048576/4000。

伺服驱动器电子齿轮比的调节方法有两种。

第一种方法：直接设置圈脉冲，不用设置电子齿轮比分子、分母参数，见表 2-24。

表 2-24 直接设置圈脉冲

Pr0.08	电机每旋转一圈的脉冲数	4000	设定相当于电机每旋转一圈的指令脉冲数

第二种方法：不设置圈脉冲，设置电子齿轮比分子、分母参数，见表 2-25。

表 2-25 设置电子齿轮比分子分母

Pr0.08	电机每旋转一圈的脉冲数	0	设置为 0，电子齿轮比需通过 Pr0.09 和 Pr0.10 设定
Pr0.09	指令分倍频分子	1048576	Pr0.08 为 0，Pr0.09 和 Pr0.10 有效
Pr0.10	指令分倍频分母	4000	Pr0.08 为 0，Pr0.09 和 Pr0.10 有效

第五步：编写 PLC 程序。

主程序如图 2-39 所示。

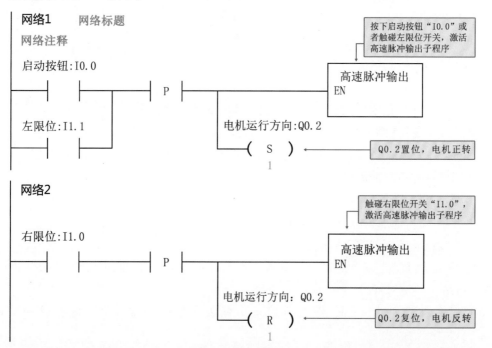

图 2-39 松下 A5 伺服系统左右限位往返运动控制主程序

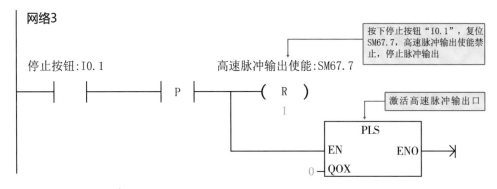

续图 2-39

子程序如图 2-40 所示。

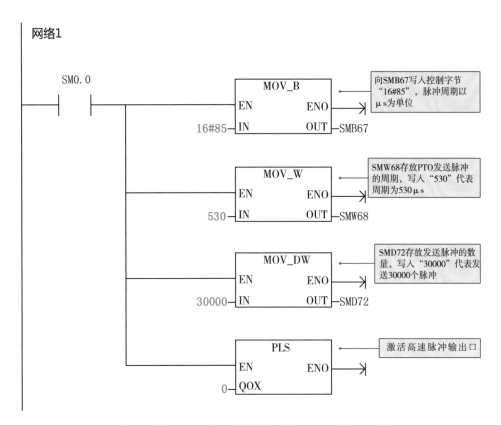

图 2-40 松下 A5 伺服系统左右限位往返运动控制子程序

■■■ **案例 3：松下 A5 伺服系统 *A*、*B*、*C* 三点往返运动控制**

单轴丝杠螺距为 4mm，伺服控制的精度要求为 0.001mm，运动平台停在 *A* 点。

按下"I0.0"，伺服电机正转，运动平台从 *A* 点开始移动，10s 走 100mm 到 *B* 点停止。停止 2s 后又开始前进，10s 走 100mm 到 *C* 点停止。2s 后伺服电机启动，运动平台在 20s 内直接返回 *A* 点，然后伺服电机停止。

再次按下"I0.0",运动平台重复走以上的轨迹。

本案例运动控制平台示意图如图 2-41 所示,I/O 分配表见表 2-26。

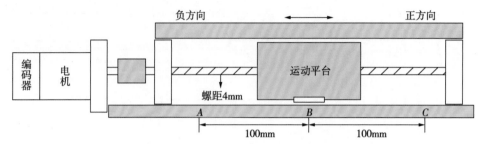

图 2-41 案例 3 运动控制平台示意图

表 2-26 案例 3 I/O 分配表

输入	功能	输出	功能
I0.0	启动按钮	Q0.0	脉冲输出口
I0.1	停止按钮	Q0.2	电机运行方向

第一步:计算电机转一圈需要的脉冲数。

伺服控制精度要求为 0.001mm,那么可理解为伺服驱动器发一个脉冲,运动平台走的距离为 0.001mm。由题意可知,单轴丝杠螺距为 4mm,即电机转一圈丝杠(或运动平台)走的距离为 4mm。

可计算电机转一圈需要的脉冲数为 4mm/0.001mm=4000。

那么要达到控制精度 0.001mm 的要求,走一圈脉冲数(简称"圈脉冲")必须达到 4000 个以上。本案例取 4000 个。

第二步:计算电机需要的总脉冲数。

(1)计算 AB 段脉冲数。由题意可知,AB 段距离为 100mm,电机转一圈,运动平台移动 4mm,因此电机需转 25 圈(100mm/4mm=25),运动平台才能走完 AB 段。由第一步分析可知,本案例圈脉冲为 4000 个,所以 AB 段电机需要的总脉冲数为 4000×25=100000。

(2)计算 BC 段脉冲数。由题意可知,BC 段距离为 100mm,电机转一圈,运动平台移动 4mm,因此电机需转 25 圈(100mm/4mm=25),运动平台才能走完 BC 段。由第一步分析可知,本案例圈脉冲为 4000 个,所以 BC 段电机需要的总脉冲数为 4000×25=100000。

(3)计算 CA 段脉冲数。由题意可知,CA 段距离为 200mm,电机转一圈,运动平台移动 4mm,因此电机需转 50 圈(200mm/4mm=50),运动平台才能走完 CA 段。由第一步分析可知,本案例圈脉冲为 4000 个,所以 CA 段电机需要的总脉冲数为 4000×50=200000。

总脉冲数示意图如图 2-42 所示。

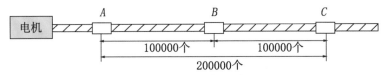

图 2-42 总脉冲数示意图

第三步：计算脉冲周期。

针对 AB 段，由题意可知，要在 10s 内走完 100mm，脉冲总数为 100000 个。

可计算 AB 段脉冲周期为 10s/100000=0.0001s=0.1ms=100μs。

针对 BC 段，由题意可知，要在 10s 内走完 100mm，脉冲总数为 100000 个。

可计算 BC 段脉冲周期为 10s/100000=0.0001s=0.1ms=100μs。

针对 CA 段，由题意可知，要在 20s 内走完 200mm，脉冲总数为 200000 个。

可计算 CA 段脉冲周期为 20s/200000=0.0001s=0.1ms=100μs。

第四步：调节伺服驱动器电子齿轮比。

松下 A5 伺服电机编码器的分辨率为 1048576，那么可知伺服电机转一圈，编码器输出 1048576 个检测脉冲。

如果丝杠螺距为 4mm，那么可以求出伺服电机的固有精度即固有脉冲当量为 4mm/1048576。

如果要求输入一个指令脉冲时，运动平台位移为 0.001mm（指令脉冲当量），那么伺服电机转一圈需要输入的指令脉冲数为 4mm/0.001mm=4000。就是说，伺服电机转一圈时，输给主控器的指令脉冲量是 4000 个，每输入一个指令脉冲，运动平台精确移动 0.001mm；电机转一圈输入的指令脉冲量（4000 个）和编码器输出检测脉冲量（1048576 个）不相符，这时候我们通过伺服放大器内部虚拟电子齿轮，利用电子齿轮比将指令脉冲量（4000 个）换算成编码器分辨率（1048576）。

可得到电子齿轮比为 1048576/4000。

伺服驱动器电子齿轮比的调节方法有两种。

第一种方法：直接设置圈脉冲，不用设置电子齿轮比分子、分母参数，见表 2-27。

表 2-27 直接设置圈脉冲

Pr0.08	电机每旋转一圈的脉冲数	4000	设定相当于电机每旋转一圈的指令脉冲数

第二种方法：不设置圈脉冲，设置电子齿轮比分子、分母参数，见表 2-28。

表 2-28 设置电子齿轮比分子、分母

Pr0.08	电机每旋转一圈的脉冲数	0	设置为 0，电子齿轮比需通过 Pr0.09 和 Pr0.10 设定
Pr0.09	指令分倍频分子	1048576	Pr0.08 为 0，Pr0.09 和 Pr0.10 有效
Pr0.10	指令分倍频分母	4000	Pr0.08 为 0，Pr0.09 和 Pr0.10 有效

第五步：编写 PLC 程序。

方法一：使用中断方式实现伺服系统 *A*、*B*、*C* 三点往返运动控制。

主程序如图 2-43 所示。

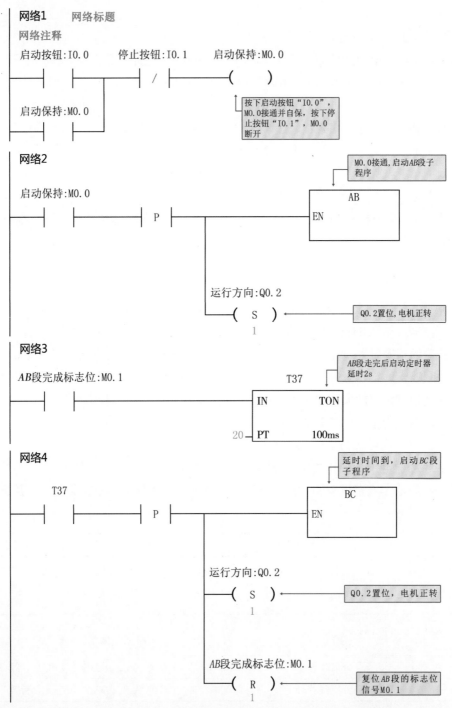

图 2-43 松下 A5 伺服系统 *A*、*B*、*C* 三点往返运动控制主程序（方法一）

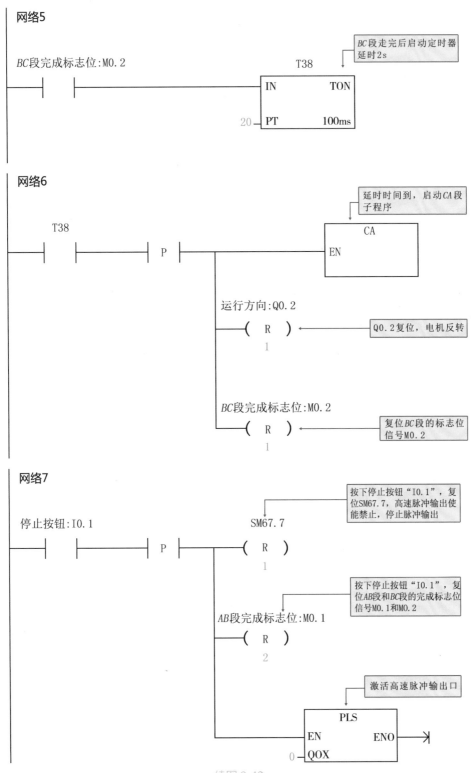

网络5

BC段完成标志位:M0.2

BC段走完后启动定时器
延时2s

T38

IN   TON

20 — PT   100ms

网络6

T38

延时时间到，启动CA段
子程序

CA

EN

运行方向:Q0.2

(R)
1

Q0.2复位，电机反转

BC段完成标志位:M0.2

(R)
1

复位BC段的标志位
信号M0.2

网络7

停止按钮:I0.1

P

按下停止按钮"I0.1"，复
位SM67.7，高速脉冲输出使
能禁止，停止脉冲输出

SM67.7

(R)
1

按下停止按钮"I0.1"，复
位AB段和BC段的完成标志位
信号M0.1和M0.2

AB段完成标志位:M0.1

(R)
2

激活高速脉冲输出口

PLS

EN   ENO

0 — Q0X

续图 2-43

AB 段子程序如图 2-44 所示。

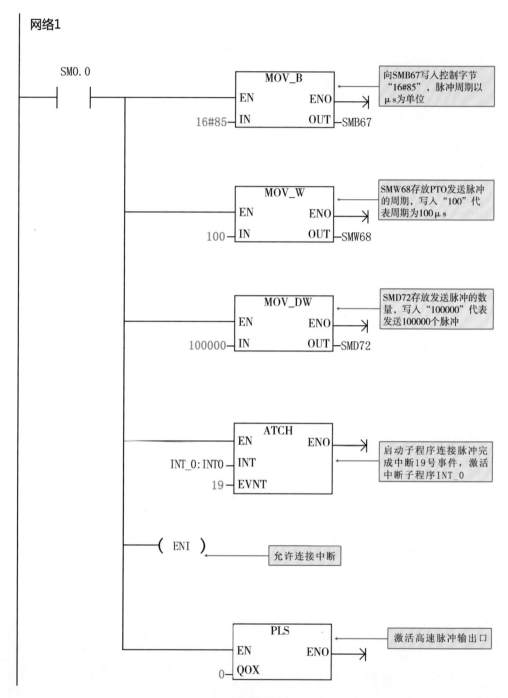

图 2-44 *AB* 段子程序（方法一）

BC 段子程序如图 2-45 所示。

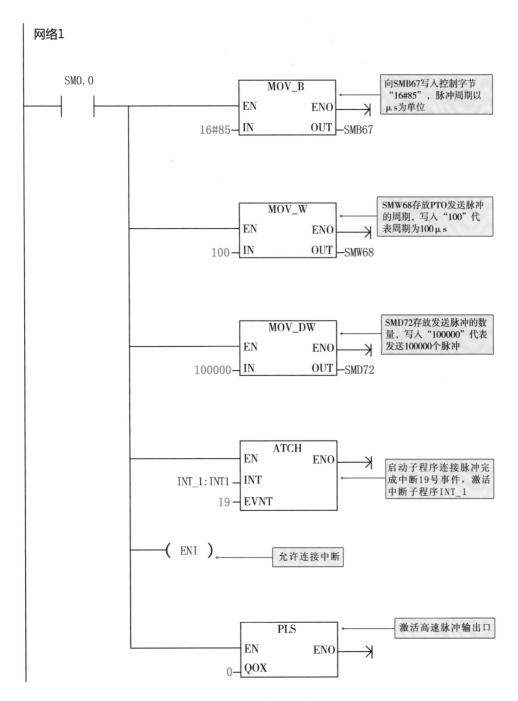

图 2-45 *BC* 段子程序（方法一）

CA 段子程序如图 2-46 所示。

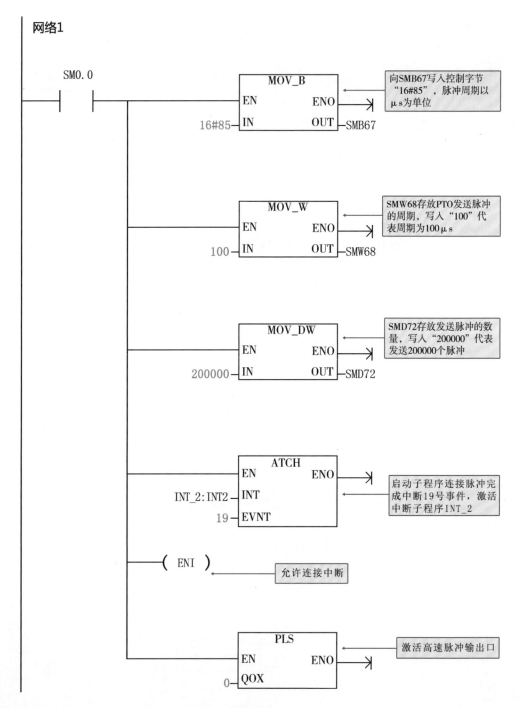

图 2-46 *CA* 段子程序（方法一）

中断子程序 1 如图 2-47 所示。

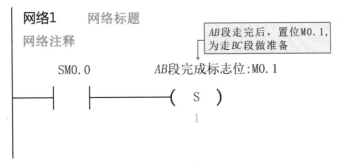

图 2-47 中断子程序 1

中断子程序 2 如图 2-48 所示。

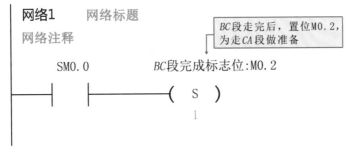

图 2-48 中断子程序 2

中断子程序 3 如图 2-49 所示。

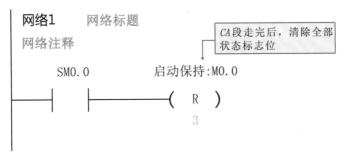

图 2-49 中断子程序 3

方法二：使用定时器完成伺服系统 A、B、C 三点往返运动控制。

由上述计算可知，AB、BC、CA 段脉冲周期均为 $100\,\mu s$。AB 段的总脉冲数为 100000 个，那么 AB 段的总时间为 $100000 \times 100\,\mu s = 10s$，$AB$ 段执行完成后停 2s。

BC 段的总脉冲数为 100000 个，那么 BC 段的总时间为 $100000 \times 100\,\mu s = 10s$，$BC$ 段执行完成后停 2s。

CA 段的总脉冲数为 200000 个，那么 CA 段的总时间为 $200000 \times 100\,\mu s = 20s$，$CA$ 段执行完成后电机停止。

总时间示意图如图 2-50 所示。

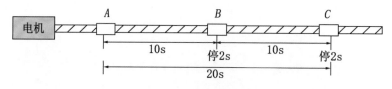

图 2-50 总时间示意图

主程序如图 2-51 所示。

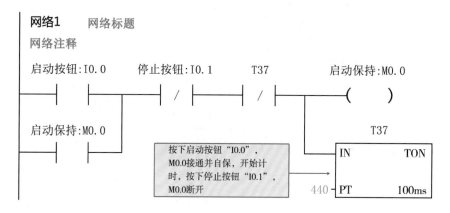

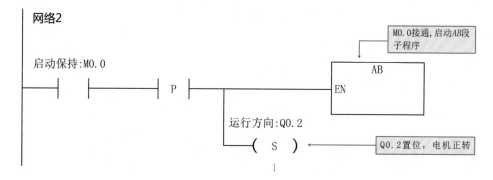

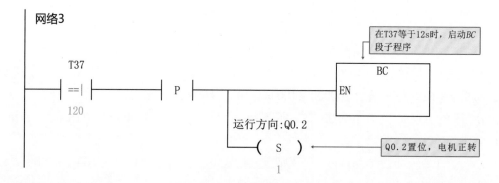

图 2-51 松下 A5 伺服系统 A、B、C 三点往返运动控制主程序（方法二）

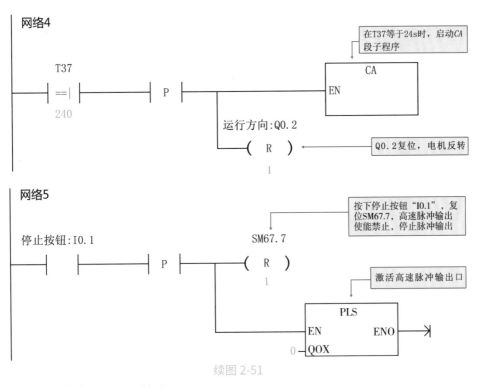

续图 2-51

AB 段子程序如图 2-52 所示。

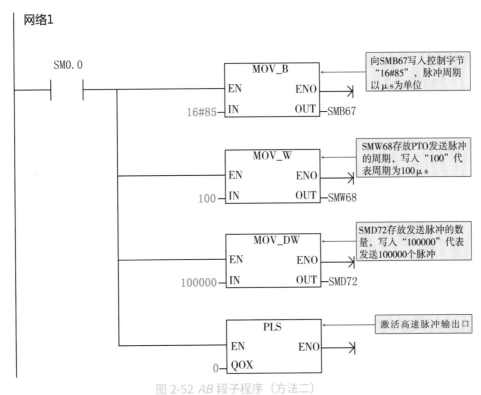

图 2-52 *AB* 段子程序（方法二）

BC 段子程序如图 2-53 所示。

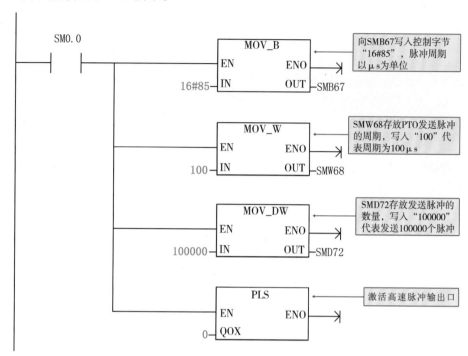

图 2-53 BC 段子程序（方法二）

CA 段子程序如图 2-54 所示。

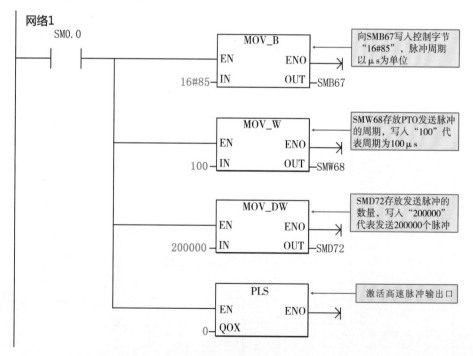

图 2-54 CA 段子程序（方法二）

■■案例 4：松下 A5 伺服系统单轴回原点控制

单轴丝杠螺距为 4mm，伺服控制的精度要求为 0.001mm。*AB* 段的距离为 100mm，原点开关的直径为 10mm。要求按下启动回原点按钮"I0.0"时，运动平台快速向原点开关 I0.1 方向运行，碰到原点开关后慢速运行，碰到原点开关下降沿停止运行。按照要求编写相应的程序。本案例运动控制平台示意图如图 2-55 所示，I/O 分配表见表 2-29。

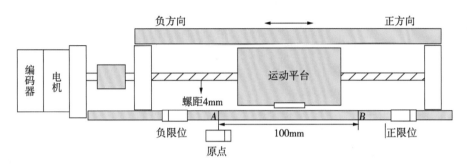

图 2-55 案例 4 运动控制平台示意图

表 2-29 案例 4 I/O 分配表

输入	功能	输出	功能
I0.0	启动回原点	Q0.0	脉冲输出口
I0.1	原点开关	Q0.2	电机运行方向

第一步：计算电机转一圈需要的脉冲数。

伺服控制精度要求为 0.001mm，那么可理解为伺服驱动器发一个脉冲，运动平台走的距离为 0.001mm。由题意可知，单轴丝杠螺距为 4mm，即电机转一圈丝杠（或运动平台）走的距离为 4mm。

可计算电机转一圈需要的脉冲数为 4mm/0.001mm=4000。

那么要达到控制精度 0.001mm 的要求，圈脉冲必须达到 4000 个以上。本案例取 4000 个。

第二步：计算电机需要的总脉冲数。

由题意可知，*AB* 段距离为 100mm，电机转一圈，运动平台移动 4mm，因此电机需转 25 圈（100mm/4mm=25），运动平台才能走完 100mm。由第一步分析可知，本案例中圈脉冲为 4000 个，所以 *AB* 段电机需要的总脉冲数为 4000×25=100000。

原点开关上升沿到下降沿所需的脉冲量至少为 4000×（10mm/4mm）=10000，这里取 11000 个。

第三步：计算脉冲周期。

由于回原点需要较慢的速度，因此在本案例中，设定启动回原点的周期为 200μs，触碰到原点开关的周期为 600μs。

第四步：调节伺服驱动器电子齿轮比。

松下 A5 伺服电机编码器的分辨率为 1048576,那么可知伺服电机转一圈,编码器输出 1048576 个检测脉冲。

如果丝杠螺距为 4mm,那么可以求出伺服电机的固有精度即固有脉冲当量为 4mm/1048576。

如果要求输入一个指令脉冲时,运动平台位移为 0.001mm(指令脉冲当量),那么伺服电机转一圈需要输入的指令脉冲数为 4mm/0.001mm=4000。就是说,伺服电机转一圈时,输给主控器的指令脉冲量是 4000 个,每输入一个指令脉冲,运动平台精确移动 0.001mm;电机转一圈输入的指令脉冲量(4000 个)和编码器输出检测脉冲量(1048576 个)不相符,这时候我们通过伺服放大器内部虚拟电子齿轮,利用电子齿轮比将指令脉冲量(4000 个)换算成编码器分辨率(1048576)。

可得到电子齿轮比为 1048576/4000。

伺服驱动器电子齿轮比的调节方法有两种。

第一种方法:直接设置圈脉冲,不用设置电子齿轮比分子、分母参数,见表 2-30。

表 2-30 直接设置圈脉冲

Pr0.08	电机每旋转一圈的脉冲数	4000	设定相当于电机每旋转一圈的指令脉冲数

第二种方法:不设置圈脉冲,设置电子齿轮比分子、分母参数,见表 2-31。

表 2-31 设置电子齿轮比分子、分母

Pr0.08	电机每旋转一圈的脉冲数	0	设置为 0,电子齿轮比需通过 Pr0.09 和 Pr0.10 设定
Pr0.09	指令分倍频分子	1048576	Pr0.08 为 0,Pr0.09 和 Pr0.10 有效
Pr0.10	指令分倍频分母	4000	Pr0.08 为 0,Pr0.09 和 Pr0.10 有效

第五步:编写 PLC 程序。

主程序如图 2-56 所示。

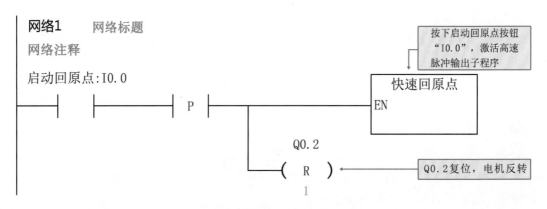

图 2-56 松下 A5 伺服系统单轴回原点控制主程序

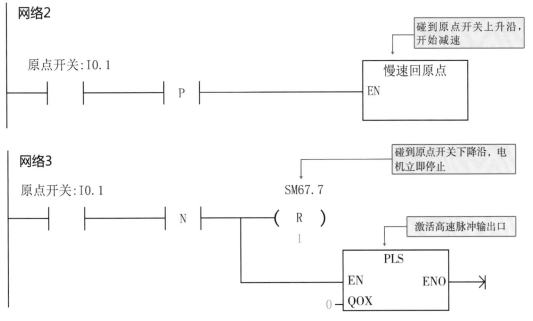

续图 2-56

快速回原点子程序如图 2-57 所示。

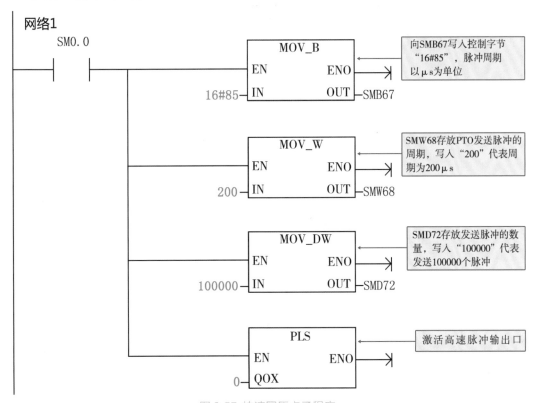

图 2-57 快速回原点子程序

慢速回原点子程序如图 2-58 所示。

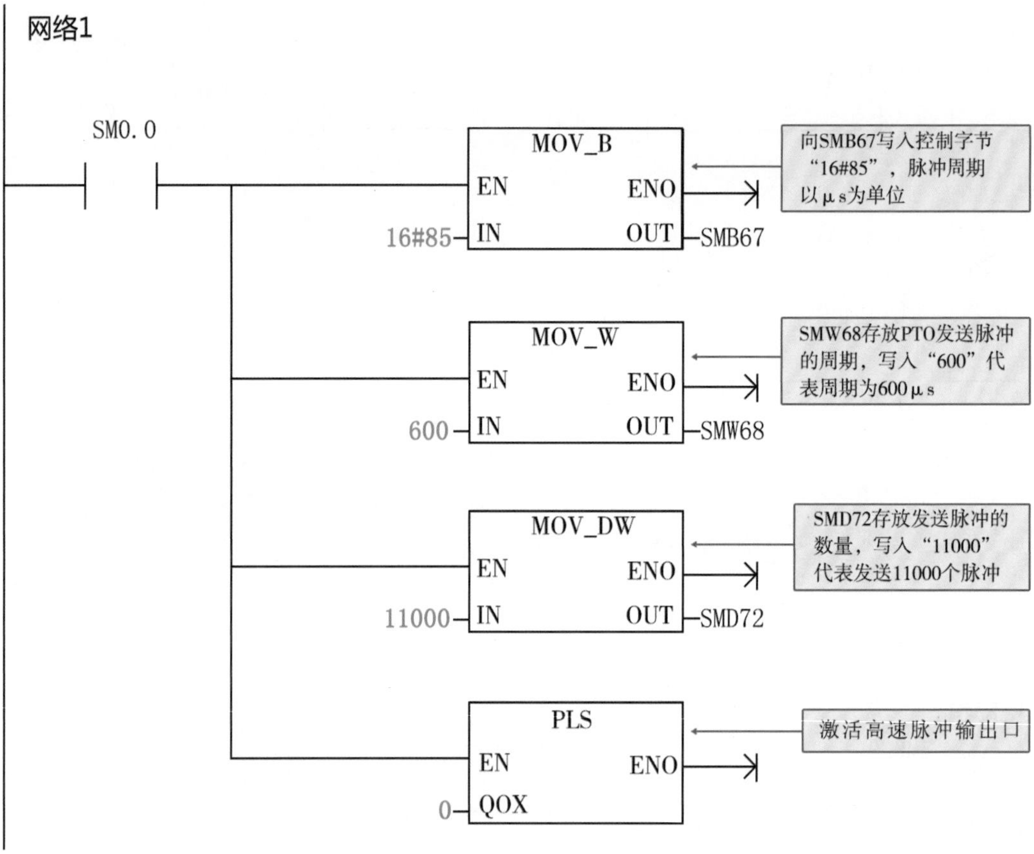

网络1

SM0.0

MOV_B
EN   ENO
16#85 — IN   OUT — SMB67

向SMB67写入控制字节"16#85"，脉冲周期以μs为单位

MOV_W
EN   ENO
600 — IN   OUT — SMW68

SMW68存放PTO发送脉冲的周期，写入"600"代表周期为600μs

MOV_DW
EN   ENO
11000 — IN   OUT — SMD72

SMD72存放发送脉冲的数量，写入"11000"代表发送11000个脉冲

PLS
EN   ENO
0 — QOX

激活高速脉冲输出口

图 2-58 慢速回原点子程序

第3章

台达 B2 伺服系统案例应用

台达伺服驱动器有多个系列，台达 B2 伺服驱动器是目前应用较为广泛的伺服驱动器，本章以台达 B2 伺服驱动器为例进行讲解。

台达 B2 伺服驱动器型号：ASD-B2-0121-B。伺服电机型号：ECMA-E11320RS。

该伺服驱动器额定参数如下。

电源电压：三相 220V 或单相 220V。

额定输出电压：0~110V(三相)。

额定输出电流：0.9A。

额定输出功率：200W。

编码器类型：增量式。

编码器分辨率：160000（表示每转发 160000 个脉冲）。

控制方式：位置控制（外部脉冲信号）。西门子 S7-200 系列 PLC 高速脉冲输出控制伺服运动。

3.1 台达 B2 伺服系统硬件介绍

台达 B2 系列伺服驱动器对原来的驱动器进行了性能升级，设定和调整极其简单；所配套的电机，采用增量式编码器，且实现了低齿槽转矩；提高了在低刚性机器上的稳定性，可在高刚性机器上进行高速高精度运转，广泛应用于各种机器。

运动控制装置所采用的台达 B2 系列的伺服电机为 ECMA-E11320RS 型，铭牌如图 3-1 所示，配套的伺服驱动器型号为 ASD-B2-0121-B，铭牌及序号说明如图 3-2 所示。

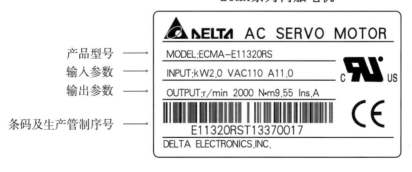

ECMA系列伺服电机

图 3-1 台达伺服电机 ECMA 系列铭牌

ASDA-B2系列伺服驱动器

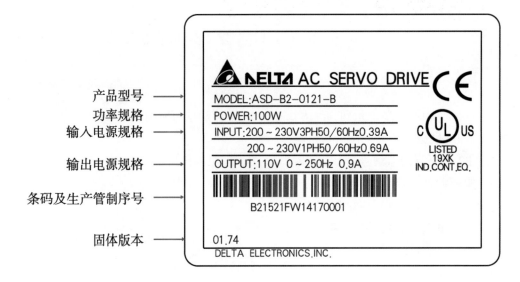

产品型号 →
功率规格 →
输入电源规格 →

输出电源规格 →

条码及生产管制序号 →

固体版本 →

(a) 铭牌

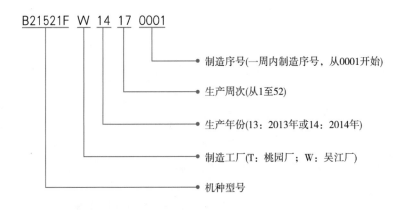

(b) 序号说明

图 3-2 台达 ASDA-B2 系列伺服驱动器铭牌及序号说明

3.2 伺服接线端子介绍

台达 B2 伺服驱动器外壳上有可以连接的电源输入端子和电机连接端子，其面板示意图及说明如图 3-3 所示。

序号	用途
1	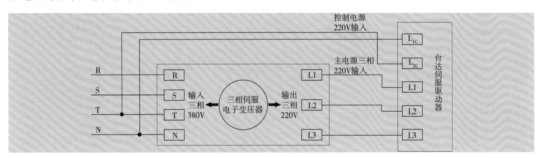 电源指示灯 LED 显示屏 SHIFT：左移键 SET：确定设置键 加减键 MODE：模式键
2	控制回路电源：L$_{1C}$、L$_{2C}$ 供给单相 100~230V、50/60 Hz 电源
3	主控制回路电源：R、S、T 连接 AC 200~230 V、50/60Hz 商用电源
4	伺服电机输出：与电机电源接头 U、V、W 连接
5	再生放电电阻器连接器
6	并行 IO 连接器：与可编程控制器 (PLC) 或是控制 I/O 连接
7	编码器连接器：连接伺服电机检测器 (编码器) 的连接器
8	通信连接器：与个人电脑或控制器连接
9	接地端
10	散热座：固定伺服驱动器和散热

图 3-3 台达 B2 系列伺服驱动器面板示意图及说明

3.2.1 电源输入连接器介绍

伺服驱动器电源接线方法分为单相与三相两种，单相仅容许用于 1.5kW 及 1.5kW 以下机种，三相适用于 B2 全系列产品。控制电源为单相 100~230V。台达 B2 系列伺服驱动器电源接线示意图如图 3-4 所示。

图 3-4 台达 B2 系列伺服驱动器电源接线示意图

3.2.2 再生放电电阻器连接器介绍

当电机的输出力矩和转速的方向相反时，代表能量从负载端传回至驱动器内。此能量注入 DC-BUS 中的电容，使得其电压值往上升。当上升到某一值时，回馈的能量只能靠回生电阻（又称制动电阻，不同品牌间名称说法有差异）来消耗。

再生放电电阻器的接线端子，即制动接线端子。由于制动方式有两种，故制动接线端子有两种接线方式。第一种使用伺服驱动器内部回生电阻，即 P 和 D 短接，P 和 C 端开路。台达伺服驱动器内部制动接线图如图 3-5 所示。注意，电机内置保持制动器仅用于维持停止状态，即保持停止，请勿用于停止电机负载运转。

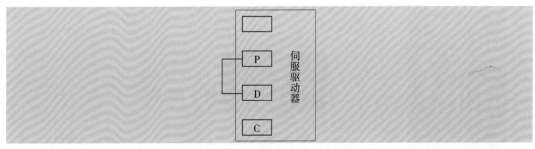

图 3-5 台达伺服驱动器内部制动接线图

驱动器内含回生电阻，但使用者也可以外接回生电阻。故第二种制动接线方式为外接回生电阻，即 P 与 C 端接电阻，P 与 D 端开路，如图 3-6 所示。

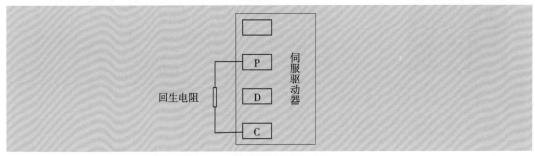

图 3-6 台达伺服驱动器外部制动接线图

表 3-1 为台达 B2 系列伺服驱动器提供的内含回生电阻的规格。

表 3-1 台达伺服驱动器内含回生电阻规格

驱动器 /kW	内含回生电阻规格 /Ω	最小容许电阻值 /Ω
0.1	—	60
0.2	—	60
0.4	100	60
0.75	100	60
1.0	40	30
1.5	40	30
2.0	20	15
3.0	20	15

当回生容量超出内含回生电阻可处理的回生容量时，应外接回生电阻器。使用回生电阻时需注意以下几点：

（1）请正确设定回生电阻的电阻值，否则将影响该功能的执行。

（2）当使用者欲外接回生电阻时，请确定所使用的电阻值与内含回生电阻值相同；若使用者欲以并联方式增加回生电阻器的功率，请确定其电阻值是否满足限制条件。

在自然环境下，当回生电阻器可处理的回生容量（平均值）在额定容量下时，电阻的温度将上升至 120℃以上（在持续回生的情况下）。基于安全考虑，请采用强制冷却方式，以降低回生电阻的温度；或者使用具有热敏开关的回生电阻器。

3.2.3　输出接线介绍

伺服驱动器输出接线应遵循说明书线号指示，U 为红色，V 为白色，W 为黑色，FG 为绿色。台达伺服驱动器输出接线图如图 3–7 所示。

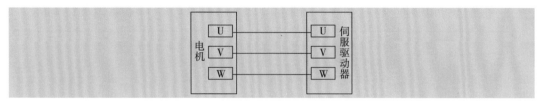

图 3-7 台达伺服驱动器输出接线图

3.2.4　并行 IO 连接器 CN1 介绍

为了更好地与上位控制器互相沟通，台达伺服驱动器提供可任意规划的 6 组输出及 9 组输入。控制器提供的 9 个输入与 6 个输出设定分别为参数 P2–10 ~ P2–17、P2–36 与参数 P2–18 ~ P2–22、P2–37。除此之外，它还提供差动输出的编码器 A+、A–、B+、B–、Z+、Z– 信号，以及模拟转矩命令输入和模拟速度 / 位置命令输入及脉冲位置命令输入。并行 IO 连接器 CN1 如图 3–8 所示。

侧面图　　　　　　　　背面图

（a）实物图

图 3-8 台达伺服驱动器并行 IO 连接器 CN1

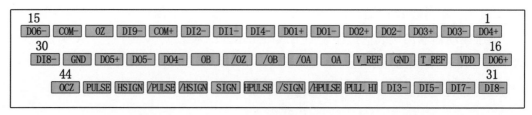

（b）端子顺序图

续图 3-8

3.2.5 编码器连接器 CN2 介绍

（1）编码器的配线请使用双绞屏蔽线（shielded twisted-pair cable），以降低电磁的干扰。

（2）屏蔽层必须确与 Shielding 端相连。

台达伺服驱动器编码器连接器介绍见表 3-2。

表 3-2 台达伺服驱动器编码器介绍

驱动器接头端			电机出线端		
引脚号	端子记号	功能、说明	军规接头	快速接头	颜色
4	T+	串行通信信号输入 / 输出（+）	A	1	蓝
5	T−	串行通信信号输入 / 输出（−）	B	4	蓝黑
–	–	保留	—	—	—
–	–	保留	—	—	—
8	+5V	电源 +5V	S	7	红 / 红白
7，6	GND	电源地线	R	8	黑 / 黑白
Shell	Shielding	屏蔽	L	9	—

台达伺服驱动器编码器连接器如图 3-9 所示。

侧面图   背面图

（a）实物图

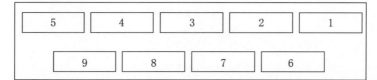

（b）端子顺序图

图 3-9　台达伺服驱动器编码器连接器

◼◼◼ 3.2.6　通信连接器 CN3 介绍

伺服驱动器通过通信连接器与计算机相连，用户可利用 Modbus 通信结合汇编语言来操作伺服驱动器，或使用 PLC、HMI。

台达伺服驱动器提供两种常用通信接口，即 RS232 和 RS485，其中 RS232 较为常用，通信距离大约 15m。若选择使用 RS485，可达较远的传输距离，且支持多组驱动器同时联机的功能。

台达伺服驱动器通信连接器如图 3-10 所示。

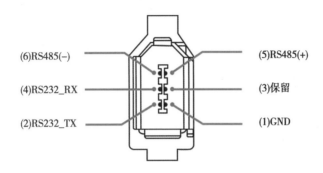

图 3-10　台达伺服驱动器通信连接器

◼◼◼ 3.2.7　伺服电机侧介绍

伺服电机侧的设备主要包含两部分，第一部分为编码器连接器，第二部分为电机连接器，使用时请遵循图纸接线。伺服电机侧接线说明如图 3-11 所示。

端子信号	线色	引脚号
T+	蓝	4
T−	蓝黑	5
保留	—	3
保留	—	2
保留	—	1
保留	—	9
+5V	红及红/白	8
GND	黑及黑/白	6,7

端子信号	线色	说明
U	红	
V	白	电机三相主电源电力线
W	黑	
FG	绿	连接至驱动器的接地处 ⏚

图 3-11　伺服电机侧接线说明

◼◼◼ 3.2.8　位置控制模式配线图

位置控制模式配线图如图 3-12 所示。

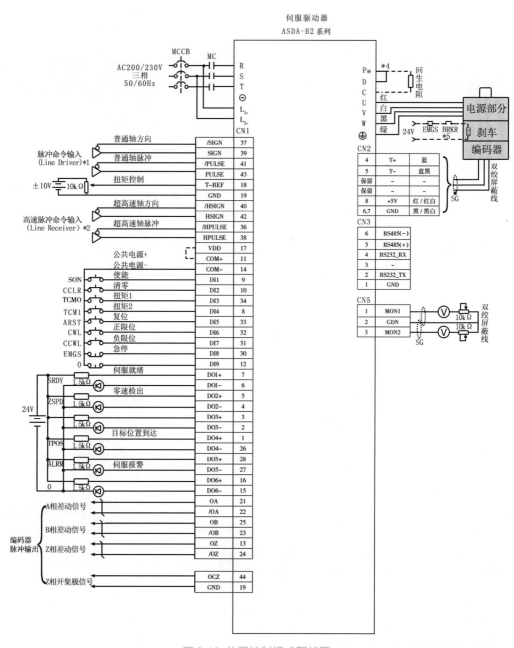

图 3-12 位置控制模式配线图

3.3 台达 B2 系列伺服驱动器操作面板介绍

伺服驱动器通常有两种参数设定方法，一是通过 USB 端口与 PC 相连，利用专门软件设定，二是通过伺服驱动器操作面板设定。台达 B2 系列伺服驱动器可通过操作面板完成参数设定，操作面板按键功能如图 3-13 所示。

序号	内容
1	电源指示灯：若指示灯亮，表示此时 P-Bus 尚有高电压
2	MODE 键：模式的状态输入设定
3	▲键：显示部分的内容加一 ▼键：显示部分的内容减一
4	显示屏：由 5 位数的七段 LED 数码管显示伺服状态或异常报警
5	SHIFT：左移键
6	SET：确认设定键

图 3-13 台达 B2 系列伺服驱动器操作面板按键功能

3.4 台达 B2 系列伺服驱动器参数设置的常见案例

参数分为 5 大群组，包括群组 0、群组 1、群组 2、群组 3、群组 4。参数起始代码 P 后的第一字符为群组字符，其后的两个字符为参数字元。通信地址则分别由群组字符及两参数字元的十六位值组合而成。参数群组定义如下：

群组 0：监控参数（例如 P0-××）。

群组 1：基本参数（例如 P1-××）。

群组 2：扩充参数（例如 P2-××）。

群组 3：通信参数（例如 P3-××）。

群组 4：诊断参数（例如 P4-××）。

在调试参数的过程中，七段数码管字母显示请参照图 3-14。

1	1	6	6	A/a	A	F/f	F	K/k	b	P/p	P	U/u	U
2	2	7	7	B/b	b	G/g	G	L/l	L	Q/q	q	V/v	U
3	3	8	8	C/c	C	H/h	H	M/m	n	R/r	r	Y/y	Y
4	4	9	9	D/d	d	I/i	I	N/n	n	S/s	S	Z/z	Z
5	5	0	0	E/e	E	J/j	J	O/o	o	T/t	t	-	-

图 3-14 七段数码管字母显示

3.4.1 案例 1 参数恢复出厂设置

先按"MODE"键，选择"P0-00"后，按▲▼方向键选择通用参数项目。按两次"SHIFT"

键，选择"P2-00"，然后按▲方向键调整参数，选择"P2-08"。按"SET"键，选择"00000"，
按▲方向键设置为"10"（此参数需要断开使能才可调整），接着按"SET"键，屏幕闪烁 2s，参数恢复出厂设置完成。调整完后，按"MODE"键返回。

3.4.2　案例 2 参数保存

先按"MODE"键，选择"P0-00"后，按一次"SHIFT"键，选择"P1-00"。然后按"SET"键，选择"0002"，按▲▼方向键，选择"00001"，接着按"SET"键，屏幕快速闪烁 1s，参数保存完成，自动返回"P1-00"。调整完后，按"MODE"键返回。

3.4.3　案例 3JOG 点动参数设置

先按"MODE"键，选择"P0-00"后，按四次"SHIFT"键，选择"P4-00"。然后按▲方向键，选择"P4-05"，再按"SET"键，接着按▲▼方向键调整 JOG 模式的速度，速度确定后按"SET"键，屏幕显示"SEVED"，并闪烁 2s，屏幕显示"JOG"，按▲▼方向键电机开始正反转。设置完成后，按"MODE"键返回主界面。

3.5　台达 B2 系列伺服驱动器的参数设置

伺服驱动装置工作于位置控制模式下。S7-224XP 的 Q0.0 输出脉冲作为伺服驱动器的位置指令，脉冲的数量决定了伺服电机的旋转位移，即机械手的直线位移，脉冲的频率决定了伺服电机的旋转速度，即机械手的运动速度。S7-224XP 的 Q0.2 输出脉冲作为伺服驱动器的方向指令。对于控制要求较为简单的装置，伺服驱动器可采用自动增益调整模式。

根据上述要求，台达 B2 系列伺服驱动器参数设置如表 3-3 所示。

表 3-3　台达 B2 系列伺服驱动器参数设置

序号	参数		设置数值	缺省设置	功能和含义
	参数号	参数名称			
1	P1-00	脉冲形式选择	002	002	形式选择脉冲列 + 符号，正逻辑有效
2	P1-01	控制模式设定	0	0	位置控制模式
3	P1-32	电机停止模式功能	0	0	停止方式为立即停止
4	P1-37	负载惯量与电机本身惯量	10	10	惯量比一般自动估算
5	P1-44	电子齿轮比分子	160000	16	对应编码器分辨率为 160000
6	P1-45	电子齿轮比分母	4000	1	设定指令脉冲发 4000 个电机转一圈
7	P2-10	数字输入接脚 DI1 功能选择	101	101	选择为伺服启动使能，使用常开触点

序号	参数		设置数值	缺省设置	功能和含义
	参数号	参数名称			
8	P2–15	数字输入接脚 DI4 功能选择	0	22	屏蔽输入禁止信号，无报警选择 0
9	P2–16	数字输入接脚 DI5 功能选择	0	23	屏蔽输入负限位信号，无报警选择 0
10	P2–17	数字输入接脚 DI6 功能选择	0	21	屏蔽输入正限位信号，无报警选择 0

3.6 各位置控制参数的说明

1. P1-00 外部脉冲列输入形式设定

如表 3–4 所示，形式选择脉冲列 + 符号，正逻辑有效。

表 3-4 P1-00 外部脉冲列输入形式设定

设定值	内容
0	AB 相脉冲列 (4 ×)
1	正转脉冲列及逆转脉冲列
2	脉冲列 + 符号

P1–00 设定值为 0 和 1 时，在高速及低速脉冲输入下脉冲形式如表 3–5 所示。

表 3-5 脉冲形式 1

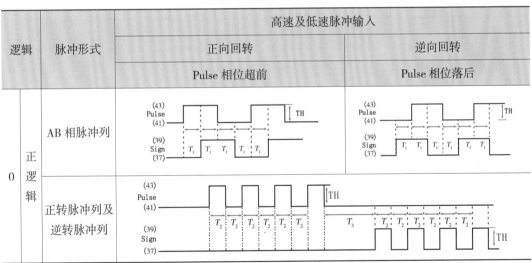

P1–00 设定值为"2"时，高速脉冲输入下脉冲形式如表 3–6 所示，低速脉冲输入下脉冲形式如表 3–7 所示。

表 3-6 脉冲形式 2

逻辑		脉冲形式	高速脉冲输入		
			正向回转		逆向回转
			Sign 为 high		Sign 为 low
0	正逻辑	脉冲列 + 符号	(43)Pulse(41) (39)Sign(37) T_4 T_5 T_6 T_5 T_6 T_5 T_4 TH		(43)Pulse(41) (39)Sign(37) T_4 T_5 T_6 T_5 T_6 T_5 T_4 TH

表 3-7 脉冲形式 3

逻辑		脉冲形式	低速脉冲输入		
			正向回转		逆向回转
			Sign 为 low		Sign 为 high
0	正逻辑	脉冲列 + 符号	(43)Pulse(41) (39)Sign(37) T_4 T_5 T_6 T_5 T_6 T_5 T_4 TH		(43)Pulse(41) (39)Sign(37) T_4 T_5 T_6 T_5 T_6 T_5 T_4 TH

注意：在数字电路中，通常是以电压的高低代表 0 与 1 两种状态。"正逻辑"(positive logic) 中高电压用 1 代表，低电压用 0 代表；"负逻辑"(negative logic) 中低电压则用 1 代表，高电压用 0 代表。如图 3-15 所示。

正逻辑表示　　　　　　　　　　负逻辑表示

图 3-15 高低电压的两种状态表示

设置参数：将 P1-00 设为 2，表示脉冲形式为脉冲列 + 符号。

2. P1-01 控制模式设定

控制模式设定见表 3-8。

表 3-8 控制模式选择

MODE	PT	S	T	Sz	Tz
			单一模式		
00	▲				
01			保留		
02		▲			
03			▲		
04				▲	
05					▲

各控制模式说明如下。

PT：位置控制模式，命令来源为外部脉冲输入和外部模拟电压（预计加入）两种，可通过 DI：PTAS 来选择。

S：速度控制模式，命令来源为外部模拟电压和内部缓存器两种，可通过 DI：SPD0，SPD1 来选择。

T：扭矩控制模式，命令来源为外部模拟电压和内部缓存器两种，可通过 DI：TCM0，TCM1 来选择。

Sz：零速度 / 内部速度缓存器命令。

Tz：零扭矩 / 内部扭矩缓存器命令。

设置参数：将 P1–01 设为 0，表示位置控制模式。

3. P1-32 电机停止模式功能

参数 P1–32 功能介绍如图 3–16 所示。

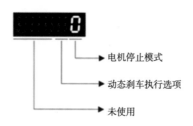

图 3-16 参数 P1-32 功能介绍

电机停止模式：当 CWL、CCWL、EMGS 及通信错误状态产生时，执行电机停止模式（不支持 P，即位置控制模式）。显示 0 时，表示瞬间停止；显示 1 时，表示减速停止。

动态刹车执行选项：Servo Off 或 Alarm 发生时的停止模式。显示 0 时，表示执行动态刹车；显示 1 时，表示电机自由运行；显示 2 时，表示先执行动态刹车，静止（电机转速小于 P1–38）后再执行自由运行。

当 PL(CCWL)、NL(CWL) 发生时，请参考 P1–06、P1–35、P1–36 的时间设定值来确定减速时间，如果设定 1ms 就会达到瞬间停止的效果。

设置参数：将 P1–32 设为 0，表示停止方式为立即停止。

4. P1-37 负载惯量与电机本身惯量

伺服电机的负载惯量比（旋转式电机）是 J_load / J_motor，其中，J_motor 表示伺服电机的转动惯量；J_load 表示外部机械负载的总体等效转动惯量。

设置参数：将 P1–37 设为 10(惯量比一般自动估算)。

5. P1-44 电子齿轮比分子

对应编码器分辨率为 160000。

设置参数：将 P1–44 设为 160000。

6. P1-45 电子齿轮比分母

电子齿轮比设置如图 3-17 所示。注意：设定错误时伺服电机易产生暴冲。

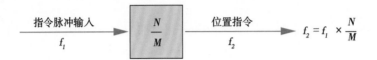

指令脉冲输入比值范围：1/50<Nx/M<25600(x=1，2，3，4)

图 3-17　电子齿轮比设置

设置参数：将 P1-45 设为 4000，表示发 4000 个脉冲电机转一圈。

7. P2-10 数字输入接脚 DI1 功能

参数 P2-10 功能介绍如图 3-18 所示。

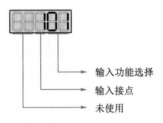

图 3-18 参数 P2-10 功能介绍

输入功能选择：所代表的功能请参考表 3-9。

输入接点：属性为 a 或 b 触点。输入 0，表示设定输入接点为常闭 b 触点；输入 1，表示设定输入接点为常开 a 触点。

当参数重新修正后，请重新启动电源以确保功能正常。

注意：可通过 P3-06 参数来规划 DI 是由外部端子来控制还是由通信方式 P4-07 来控制。

设置参数：将 P2-10 设为 101，表示伺服启动，使用常开触点。

8. P2-15 数字输入接脚 DI4 功能选择

设置参数：将 P2-15 设为 0，表示此功能无效。

注意：其输入功能选择所代表的功能请参考表 3-9。

9. P2-16 数字输入接脚 DI5 功能选择

设置参数：将 P2-16 设为 0，表示此功能无效。

注意：其输入功能选择所代表的功能请参考表 3-9。

10．P2-17 数字输入接脚 DI6 功能选择

设置参数：将 P2-17 设为 0，表示此功能无效。

注意：其输入功能选择所代表的功能请参考表 3-9。

表 3-9 输入端子功能选择

符号	数字输入 (DI) 功能说明	设定值	控制模式
SON	此信号接通时，伺服启动（Servo On）	0X01	ALL
ARST	发生异常，造成异常原因已排除后，此信号接通则驱动器显示的异常信号清除	0X02	ALL
GAINUP	在速度及位置控制模式下，此信号接通时（参数 P2-27 需设定为 1 时），增益切换成原增益乘变动比率	0X03	PT, S
CCLR	清除脉冲计数缓存器，清除脉冲定义参数 P2-50 的设定。设定值为 0，表示清除位置脉冲误差量（适用于 PT 模式），导通其信号时，驱动器的位置累积脉冲误差量被清除为 0	0X04	PT
ZCLAMP	当速度低于零速度（参数 P1-38）的设定时，此信号接通后，电机停止运转	0X05	S
CMDINV	在内部位置缓存器和速度控制模式下，此信号接通后，输入的命令将变成反向	0X06	S, T
保留	保留	0X07	保留
TRQLM	在速度及位置控制模式下，此信号接通，电机扭矩将被限制，限制的扭矩命令为内部缓存器命令或模拟电压命令	0X09	PT, S
SPDLM	在扭矩控制模式下，此信号接通，电机速度将被限制，限制的速度命令为内部缓存器命令或模拟电压命令	0X10	T

符号	数字输入 (DI) 功能说明	设定值	控制模式
SPD0 SPD1	速度命令选择 0 速度命令选择 1	0X14, 0X15	S
TCM0 TCM1	扭矩命令选择 0 扭矩命令选择 1	0X16, 0X17	T
S-P	在位置与速度混合模式下，此信号未接通时，为速度控制模式；此信号接通时，为位置控制模式 (PT)	0X18	混合模式
S-T	在速度与扭矩混合模式下，此信号未接通时，为速度控制模式；此信号接通时，为扭矩控制模式	0X19	混合模式
T-P	在位置与扭矩混合模式下，此信号未接通时，为扭矩控制模式；此信号接通时，为位置控制模式	0X20	混合模式
EMGS	此信号接通时，电机紧急停止	0X21	ALL
NL(CWL)	逆向运转禁止极限 (b 触点)	0X22	ALL
PL(CCWL)	正向运转禁止极限 (b 触点)	0X23	ALL
TLLM	反方向运转扭矩限制	0X25	PT，S
TRLM	正方向运转扭矩限制	0X26	PT，S
JOGU	此信号接通时，电机正方向转动	0X37	ALL
JOGD	此信号接通时，电机反方向转动	0X38	ALL
GNUM0 GNUM1	电子齿轮比分子选择 0 电子齿轮比分子选择 1	0X43 0X44	PT
INHP	在位置控制模式下，此信号接通时，外部脉冲输入命令无作用	0X45	PT
TQP	扭矩命令来源	0X48	T
TQN	扭矩命令来源	0X49	T

注意：（1）11-17 表示单一控制模式，18-20 表示混合控制模式。

（2）P2-10~P2-17 和 P2-36 设为 0 时，表示输入功能解除。

3.7 伺服驱动器及其与 PLC 的接线

1. 指令脉冲禁止输入端子 30 的接线

当指令脉冲禁止输入端子 30 低电平接通时电机正常运行，当指令脉冲禁止输入端子 30 低电平断开时电机停止。伺服驱动器采用脉冲 + 方向控制时，指令脉冲禁止输入端子 30 有停止伺服电机的功能。台达 B2 伺服驱动器的信号线是低电平有效的，所以公共端

COM+ 接 24V。指令脉冲禁止输入端子 30 通过停止按钮的常闭触点给 0V 信号，与 COM+
构成回路。指令脉冲禁止输入端子 30 的接线如图 3-19 所示。

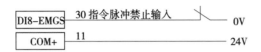

图 3-19 指令脉冲禁止输入端子 30 的接线

2. 伺服驱动器 DI6-CWL 端子 32 和 DI7-CCWL 端子 31 的接线

伺服驱动器 DI6-CWL 端子 32 和 DI7-CCWL 端子 31 同时接通时，伺服电机才能够正
常工作。台达 B2 伺服驱动器的信号线是低电平有效的，所以公共端 COM+ 接 24V。DI6-
CWL 端子 32 和 DI7-CCWL 端子 31 通过限位开关的常闭触点给 0V 信号，与 COM+ 构成
回路。触发任意一组限位开关，伺服驱动器做限位保护，让伺服电机停止。伺服驱动器
DI6-CWL 端子 32 和 DI7-CCWL 端子 31 的接线如图 3-20 所示。

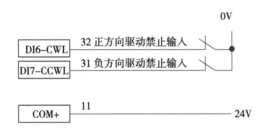

图 3-20 伺服驱动器 DI6-CWL 端子 32 和 DI7-CCWL 端子 31 的接线

3. 伺服 ON 输入接线

当伺服驱动器做点动控制时，伺服 ON 输入一定要断开，否则无法进行伺服点动控制。
如果伺服系统采用脉冲 + 方向控制，伺服 ON 输入线必须接通，伺服电机才能够正常工作。
伺服 ON 输入有点动控制与自动控制切换的功能。伺服 ON 输入接线如图 3-21 所示。

图 3-21 伺服 ON 输入接线

4. 伺服驱动器与 PLC 的接线

（1）脉冲信号接线。

PULSE 端子 43 和 PULL-HI 端子 35 是伺服驱动器的脉冲信号端子。PULL-HI 端子 35
是脉冲信号的负极，接 0V。PLC 给 24V 电压脉冲信号，与 PULSE 端子 43 构成回路。这
里以西门子 200 PLC 为例说明。西门子 200 PLC 的 Q0.0 和 Q0.1 可发送高速脉冲，此处

选择 Q0.0 发送高速脉冲，采用内置电阻接线，如图 3-22 所示。

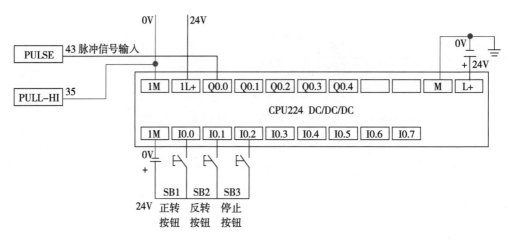

图 3-22 脉冲信号接线

（2）方向信号接线。

SIGN 端子 39 和 PULL-HI 端子 35 是伺服驱动器的方向信号端子。PULL-HI 端子 35 是方向信号的负极，接 0V。SIGN 端子 39 有内置电阻，PLC 给 24V 电压信号，与 SIGN 端子 39 构成回路。这里以西门子 200 PLC 为例说明。西门子 200 PLC 的 Q0.0 和 Q0.1 可发送高速脉冲，此处选择 Q0.2 为方向信号，采用内置电阻接线，如图 3-23 所示。

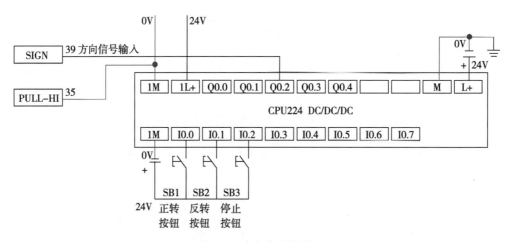

图 3-23 方向信号接线

5. 伺服驱动器与 PLC 的完整接线

这里以西门子 200 PLC 为例说明。西门子 200 PLC 的 Q0.0 为高速脉冲，Q0.2 为方向信号，采用内置电阻接线方式。指令脉冲禁止输入端子 30 接按钮开关 SB1。伺服驱动器 DI7-CCWL 端子 31 和 DI6-CWL 端子 32，分别接行程开关 SQ1 和 SQ2。伺服 ON 输入端子 9 接按钮开关 SB2。伺服驱动器与 PLC 的完整接线如图 3-24 所示。

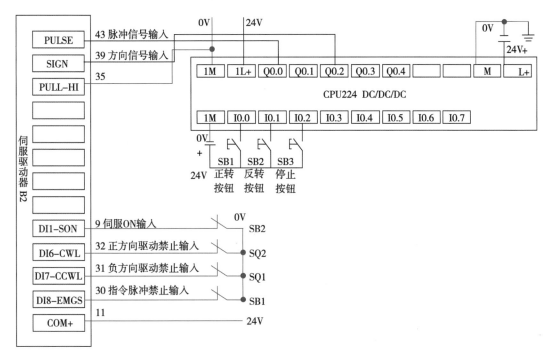

图 3-24 伺服驱动器与 PLC 完整接线

3.8 电子齿轮比介绍

PLC 发出的脉冲数 × 电子齿轮比 = 编码器接收的脉冲数

【例 1】 PLC 发 5000 个脉冲，电机旋转 1 圈，如何设置电子齿轮比?

【解】 电机旋转 1 圈，编码器接收的脉冲数为 160000 个。

$$编码器接收的脉冲数 = PLC 发出的脉冲数 \times \frac{P1-44}{P1-45}（电子齿轮比）$$

将数值代入上述公式:

$$160000 = 5000 \times \frac{P1-44}{P1-45}$$

$$\frac{P1-44}{P1-45} = \frac{160000}{5000}$$

所以电子齿轮比为 $\frac{160000}{5000}$。

【例 2】 丝杠螺距是 4mm，机械减速齿轮比为 1 : 1，台达 B2 伺服电机编码器的分辨率为 160000，脉冲当量 LU 为 0.001mm（LU 为发一个脉冲工件移动的最小位移），如何设置电子齿轮比?

【解】 电子齿轮比设置过程见表 3-10。

表 3-10 电子齿轮比设置

图示	精度：0.001mm 负载轴 工件 编码器分辨率：160000 滚珠丝杠(螺距：4mm)
机械结构参数	滚珠丝杠的螺距：4mm 减速齿轮比：1：1
编码器分辨率	160000（台达 B2 伺服电机编码器）
定义 LU(脉冲当量)	1LU=1μm=0.001mm
计算负载轴每转的脉冲数	4mm/0.001mm=4000
计算电子齿轮比	根据公式编码器接收的脉冲数 = PLC 发出的脉冲数 × $\frac{P1\text{-}44}{P1\text{-}45}$（电子齿轮比），将数值代入公式： $$160000=4000 \times \frac{P1\text{-}44}{P1\text{-}45}$$ 得到 $\frac{P1\text{-}44}{P1\text{-}45} = \frac{160000}{4000}$，所以电子齿轮比为 $\frac{160000}{4000}$
设置参数（分子 / 分母）	P1-44 设置为 160000, P1-45 设置为 4000

3.9 PLC 程序控制案例

■■ 案例 1：台达 B2 伺服驱动器正反转控制

单轴丝杠螺距为 4mm，伺服控制的精度要求为 0.001mm。要求按下"I0.0"，伺服电机正转，运动平台移动 20mm，且在 2s 内完成；按下"I0.1"，伺服电机反转，运动平台移动 20mm，且在 2s 内完成；按下"I0.2"，伺服电机停止。求对应的脉冲数，并写出相应的程序。本案例运动控制平台示意图如图 3-25 所示，I/O 分配表见表 3-11。

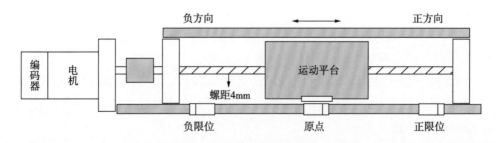

图 3-25 案例 1 运动控制平台示意图

表 3-11 案例 1 I/O 分配表

输入	功能	输出	功能
I0.0	正转按钮	Q0.0	脉冲输出口
I0.1	反转按钮	Q0.2	电机运行方向
I0.2	停止按钮		

第一步：计算电机转一圈需要的脉冲数。

伺服控制精度要求为 0.001mm，那么可理解为伺服驱动器发一个脉冲，运动平台走的距离为 0.001mm。由题意可知，单轴丝杠螺距为 4mm，即电机转一圈丝杠（或运动平台）走的距离为 4mm。

可计算电机转一圈需要的脉冲数为 4mm/0.001mm=4000。

那么要达到控制精度为 0.001mm 的要求，圈脉冲必须达到 4000 个以上。本案例取 4000 个。

第二步：计算电机需要的总脉冲数。

根据题意，要求按下"I0.0"运动平台走 20mm，由此可知伺服电机需要转 5 圈，且转 1 圈的脉冲数为 4000 个。

可计算电机需要的总脉冲数为 5×4000=20000。

第三步：计算脉冲周期。

由题意可知需要在 2s 内走完 20mm，脉冲总量为 20000 个。

可计算脉冲周期为 2s/20000=0.0001s=0.1ms=100μs。

第四步：调节伺服驱动器电子齿轮比。

台达 B2 伺服电机编码器的分辨率为 160000，那么可知伺服电机转一圈，编码器输出 160000 个检测脉冲。

如果丝杠螺距为 4mm，那么可以求出伺服电机的固有精度即固有脉冲当量为 4mm/160000。

如果要求输入一个指令脉冲时，运动平台位移为 0.001mm(指令脉冲当量)，那么伺服电机转一圈需要输入的指令脉冲数为 4mm/0.001mm= 4000。就是说，伺服电机转一圈时，输给主控器的指令脉冲量是 4000 个，每输入一个指令脉冲，运动平台精确移动 0.001mm；电机转一圈输入的指令脉冲量（4000 个）和编码器输出检测脉冲量（160000 个）不相符，这时候我们通过伺服放大器内部虚拟电子齿轮，利用电子齿轮比将指令脉冲量（4000 个）换算成编码器分辨率（160000）。

可得到电子齿轮比为 160000/4000。

伺服驱动器电子齿轮比参数调节如表 3-12 所示。

表 3-12 设置电子齿轮比分子、分母

P1-44	电子齿轮比分子	160000	对应编码器分辨率为 160000
P1-45	电子齿轮比分母	4000	设定指令脉冲发 4000 个，电机转一圈

第五步：编写 PLC 程序。

主程序如图 3-26 所示。

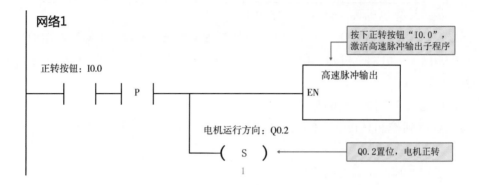

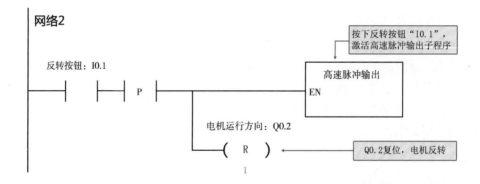

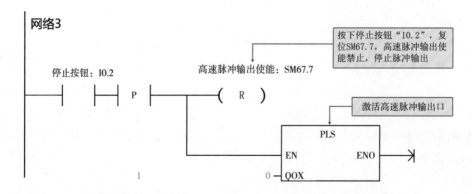

图 3-26 台达 B2 伺服驱动器正反转控制主程序

高速脉冲输出子程序如图 3-27 所示。

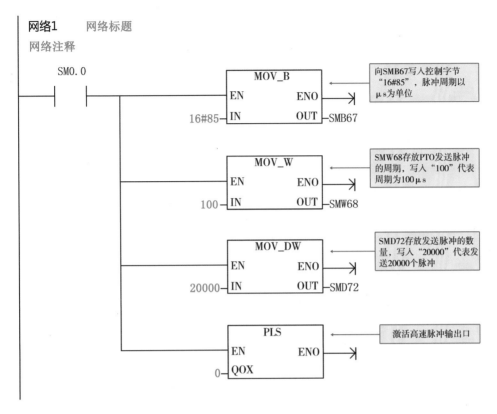

图 3-27 高速脉冲输出子程序

■■■ 案例 2：台达 B2 伺服系统左右限位往返运动控制

单轴丝杠螺距为 4mm，伺服控制的精度要求为 0.001mm。要求按下"I0.0"，伺服电机正转，且运动平台在 32s 内完成一次往返运动。正限位到负限位的距离为 30mm，一次往返运动距离为 60mm。按下"I0.1"，电机停止运行。运动平台碰到负限位以后，伺服电机正转。运动平台碰到正限位以后，伺服电机反转。按照要求编写相应的程序。本案例运动控制平台示意图如图 3-28 所示，I/O 分配表见表 3-13。

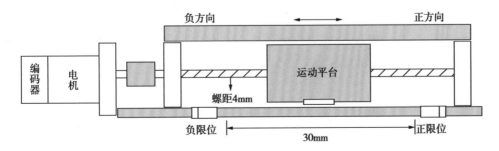

图 3-28 案例 2 运动控制平台示意图

表 3-13 案例 2 I/O 分配表

输入	功能	输出	功能
I0.0	启动按钮	Q0.0	脉冲输出口
I0.1	停止按钮	Q0.2	电机运行方向
I1.0	右限位		
I1.1	左限位		

第一步：计算电机转一圈需要的脉冲数。

伺服控制精度要求为 0.001mm，那么可理解为伺服驱动器发一个脉冲，运动平台走的距离为 0.001mm。由题意可知，单轴丝杠螺距为 4mm，即电机转一圈丝杠（或运动平台）走的距离为 4mm。

可计算电机转一圈需要的脉冲数为 4mm/0.001mm=4000。

那么要达到控制精度为 0.001mm 的要求，圈脉冲必须达到 4000 个以上。本案例取 4000 个。

第二步：计算电机需要的总脉冲数。

由题意可知，正限位到负限位的距离为 30mm，电机转一圈，运动平台的位移为 4mm，因此电机需要转 7.5 圈（30mm/4mm=7.5），运动平台才能走完 30mm。由第一步分析可知，本案例圈脉冲为 4000 个，所以可计算电机需要的总脉冲数为 4000×7.5=30000。

第三步：计算脉冲周期。

由题意可知需要在 16s 内走完 30mm，脉冲总量为 30000 个。

可计算脉冲周期为 16s/30000=0.000533s=0.533ms=533μs≈530μs。

第四步：调节伺服驱动器电子齿轮比。

台达 B2 伺服电机编码器的分辨率为 160000，那么可知伺服电机转一圈，编码器输出 160000 个检测脉冲。

如果丝杠螺距为 4mm，那么可以求出伺服电机的固有精度即固有脉冲当量为 4mm/160000。

如果要求输入一个指令脉冲时，运动平台位移为 0.001mm(指令脉冲当量)，那么伺服电机转一圈需要输入的指令脉冲数为 4mm/0.001mm=4000。就是说，伺服电机转一圈时，输给主控器的指令脉冲量是 4000 个，每输入一个指令脉冲，运动平台精确移动 0.001mm；电机转一圈输入的指令脉冲量（4000 个）和编码器输出检测脉冲量（160000 个）不相符，这时候我们通过伺服放大器内部虚拟电子齿轮，利用电子齿轮比将指令脉冲量（4000 个）换算成编码器分辨率（160000）。

可得到电子齿轮比为 160000/4000。

伺服驱动器电子齿轮比参数调节如表 3–14 所示。

表 3-14 设置电子齿轮比分子、分母

P1-44	电子齿轮比分子	160000	对应编码器分辨率为 160000
P1-45	电子齿轮比分母	4000	设定指令脉冲发4000个，电机转一圈

第五步：编写 PLC 程序。

主程序如图 3-29 所示。

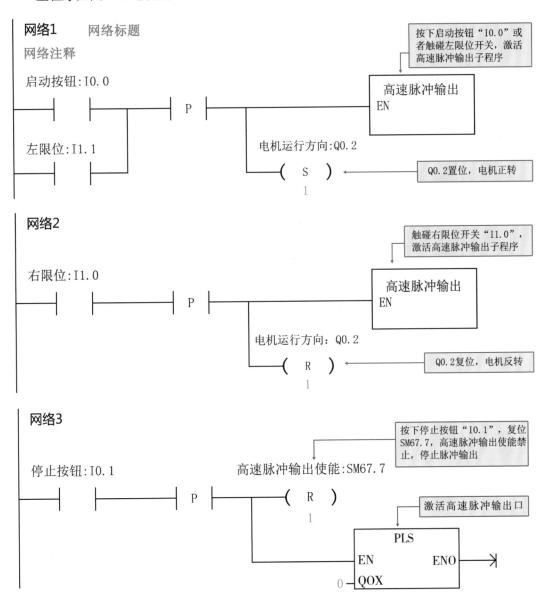

图 3-29 台达 B2 伺服系统左右限位往返运动控制主程序

子程序如图 3-30 所示。

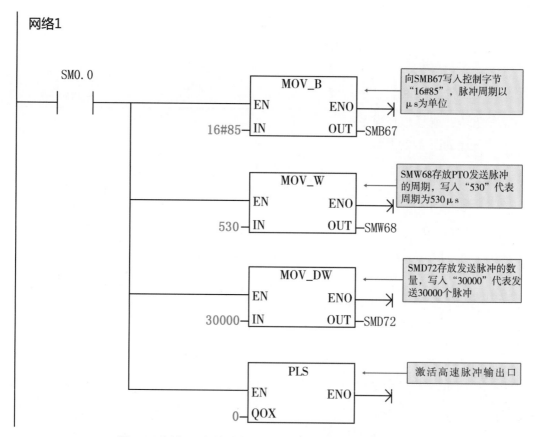

图 3-30 台达 B2 伺服系统左右限位往返运动控制子程序

▉▉ 案例 3：台达 B2 伺服系统 A、B、C 三点往返运动控制

单轴丝杠螺距为 4mm，伺服控制的精度要求为 0.001mm，运动平台停在 A 点。

按下"I0.0"，伺服电机正转，运动平台从 A 点开始移动，10s 走 100mm 到 B 点停止。停止 2s 后又开始前进，10s 走 100mm 到 C 点停止。2s 后伺服电机启动，运动平台在 20s 内直接返回 A 点，然后伺服电机停止。

再次按下"I0.0"，运动平台重复走以上的轨迹。

本案例运动控制平台示意图如图 3-31 所示，I/O 分配表见表 3-15。

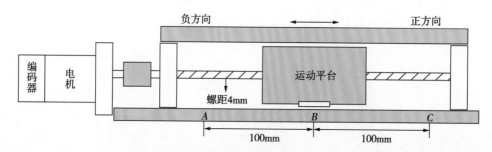

图 3-31 案例 3 运动控制平台示意图

表 3-15 案例 3 I/O 分配表

输入	功能	输出	功能
I0.0	启动按钮	Q0.0	脉冲输出口
I0.1	停止按钮	Q0.2	电机运行方向

第一步：计算电机转一圈需要的脉冲数。

伺服控制精度要求为 0.001mm，那么可理解为伺服驱动器发一个脉冲，运动平台走的距离为 0.001mm。由题意可知，单轴丝杠螺距为 4mm，即电机转一圈丝杠（或运动平台）走的距离为 4mm。

可计算电机转一圈需要的脉冲数为 4mm/0.001mm=4000。

那么要达到控制精度为 0.001mm 的要求，圈脉冲必须达到 4000 个以上。本案例取 4000 个。

第二步：计算电机需要的总脉冲数。

（1）计算 AB 段脉冲数。由题意可知，AB 段距离为 100mm，电机转一圈，运动平台移动 4mm，因此电机需转 25 圈（100mm/4mm=25），运动平台才能走完 AB 段。由第一步分析可知，本案例圈脉冲为 4000 个，所以 AB 段电机需要的总脉冲数为 4000×25=100000。

（2）计算 BC 段脉冲数。由题意可知，BC 段距离为 100mm，电机转一圈，运动平台移动 4mm，因此电机需转 25 圈（100mm/4mm=25），运动平台才能走完 BC 段。由第一步分析可知，本案例圈脉冲为 4000 个，所以 BC 段电机需要的总脉冲数为 4000×25=100000。

（3）计算 CA 段脉冲数。由题意可知，CA 段距离为 200mm，电机转一圈，运动平台移动 4mm，因此电机需转 50 圈（200mm/4mm=50），运动平台才能走完 CA 段。由第一步分析可知，本案例圈脉冲为 4000 个，所以 CA 段电机需要的总脉冲数为 4000×50=200000。

总脉冲数示意图如图 3-32 所示。

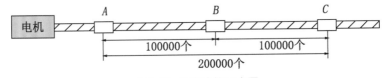

图 3-32 总脉冲数示意图

第三步：计算脉冲周期。

针对 AB 段，由题意可知，要在 10s 内走完 100mm，脉冲总数为 100000 个。

可计算 AB 段脉冲周期为 10s/100000=0.0001s=0.1ms=100μs。

针对 BC 段，由题意可知，要在 10s 内走完 100mm，脉冲总数为 100000 个。

可计算 BC 段脉冲周期为 10s/100000=0.0001s=0.1ms=100μs。

针对 CA 段，由题意可知，要在 20s 内走完 200mm，脉冲总数为 200000 个。

可计算 CA 段脉冲周期为 20s/200000=0.0001s=0.1ms=100μs。

第四步：调节伺服驱动器电子齿轮比。

台达 B2 伺服电机编码器的分辨率为 160000，那么可知伺服电机转一圈，编码器输出 160000 个检测脉冲。

如果丝杠螺距为 4mm，那么可以求出伺服电机的固有精度即固有脉冲当量为 4mm/160000。

如果要求输入一个指令脉冲时，运动平台位移为 0.001mm(指令脉冲当量)，那么伺服电机转一圈需要输入的指令脉冲数为 4mm/0.001mm=4000。就是说，伺服电机转一圈时，输给主控器的指令脉冲量是 4000 个，每输入一个指令脉冲，运动平台精确移动 0.001mm；电机转一圈输入的指令脉冲量（4000 个）和编码器输出检测脉冲量（160000 个）不相符，这时候我们通过伺服放大器内部虚拟电子齿轮，利用电子齿轮比将指令脉冲量（4000 个）换算成编码器分辨率（160000）。

可得到电子齿轮比为 160000/4000。

伺服驱动器电子齿轮比参数调节如表 3-16 所示。

表 3-16 设置电子齿轮比分子、分母

P1-44	电子齿轮比分子	160000	对应编码器分辨率为 160000
P1-45	电子齿轮比分母	4000	设定指令脉冲发 4000 个，电机转一圈

第五步：编写 PLC 程序。

方法一：使用中断方式实现伺服系统 A、B、C 三点往返运动控制。

主程序如图 3-33 所示。

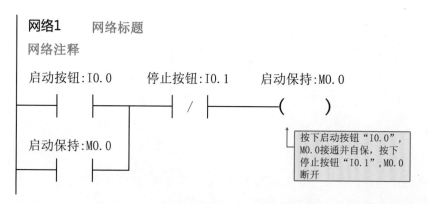

图 3-33 台达 B2 伺服系统 A、B、C 三点往返运动控制主程序（方法一）

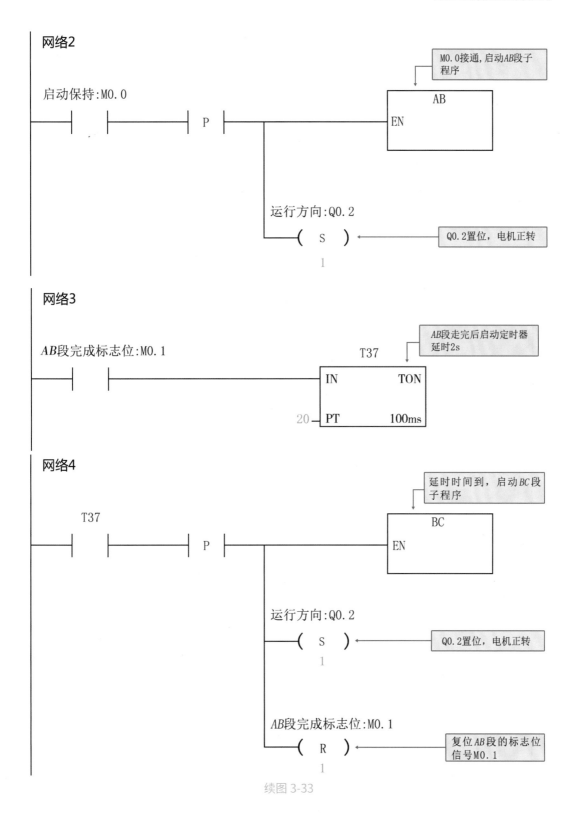

续图 3-33

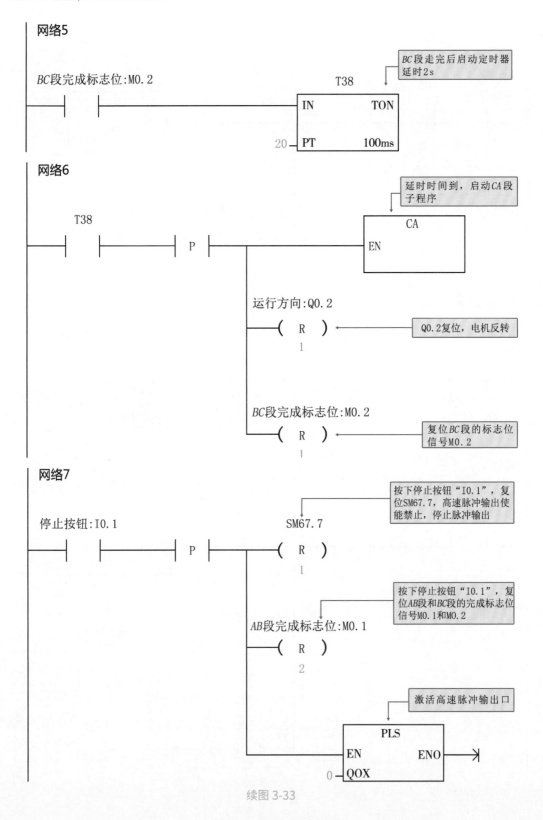

续图 3-33

AB 段子程序如图 3-34 所示。

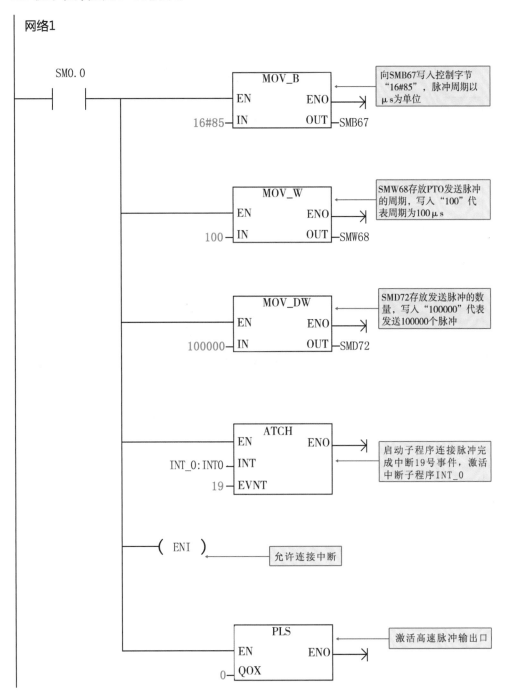

网络1

SM0.0

MOV_B
EN   ENO
IN   OUT
16#85   SMB67

> 向SMB67写入控制字节"16#85"，脉冲周期以μs为单位

MOV_W
EN   ENO
IN   OUT
100   SMW68

> SMW68存放PTO发送脉冲的周期，写入"100"代表周期为100μs

MOV_DW
EN   ENO
IN   OUT
100000   SMD72

> SMD72存放发送脉冲的数量，写入"100000"代表发送100000个脉冲

ATCH
EN   ENO
INT
EVNT
INT_0:INT0
19

> 启动子程序连接脉冲完成中断19号事件，激活中断子程序INT_0

(ENI)

> 允许连接中断

PLS
EN   ENO
QOX
0

> 激活高速脉冲输出口

图 3-34 *AB* 段子程序（方法一）

BC 段子程序如图 3–35 所示。

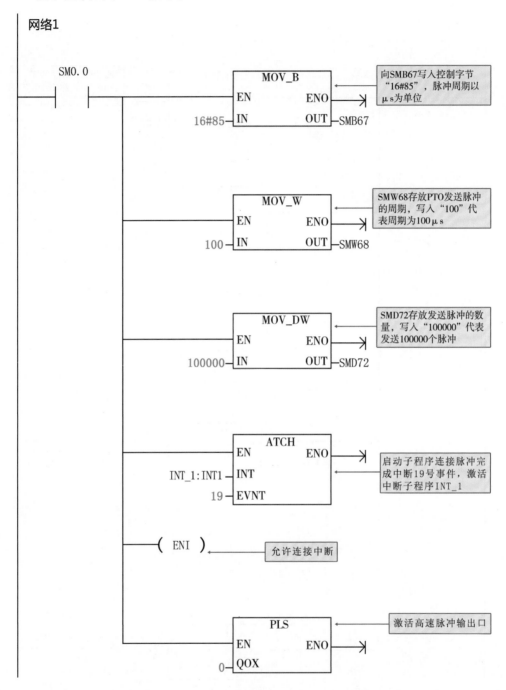

图 3-35 BC 段子程序（方法一）

CA 段子程序如图 3-36 所示。

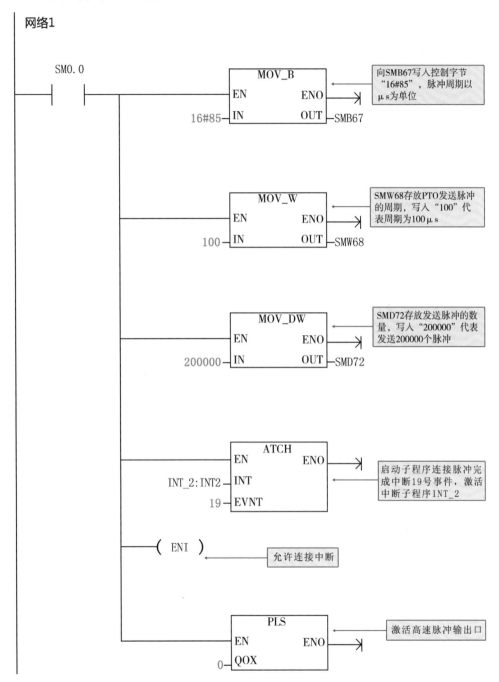

网络1

向SMB67写入控制字节
"16#85"，脉冲周期以
μs为单位

SMW68存放PTO发送脉冲
的周期，写入"100"代
表周期为100μs

SMD72存放发送脉冲的数
量，写入"200000"代表
发送200000个脉冲

启动子程序连接脉冲完
成中断19号事件，激活
中断子程序INT_2

允许连接中断

激活高速脉冲输出口

图 3-36 *CA* 段子程序（方法一）

中断子程序 1 如图 3-37 所示。

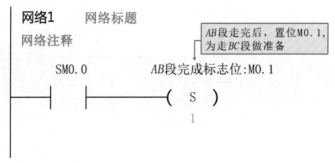

图 3-37 中断子程序 1

中断子程序 2 如图 3-38 所示。

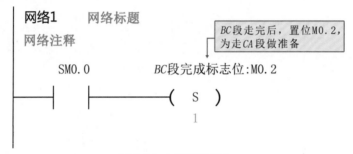

图 3-38 中断子程序 2

中断子程序 3 如图 3-39 所示。

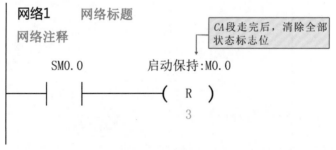

图 3-39 中断子程序 3

方法二：使用定时器完成伺服系统 A、B、C 三点往返运动控制。

由上述计算可知，AB、BC、CA 段脉冲周期均为 $100\mu s$。AB 段的总脉冲数为 100000 个，那么 AB 段的总时间为 $100000 \times 100\mu s=10s$，$AB$ 段执行完成后停 2s。

BC 段的总脉冲数为 100000 个，那么 BC 段的总时间为 $100000 \times 100\mu s=10s$，$BC$ 段执行完成后停 2s。

CA 段的总脉冲数为 200000 个，那么 CA 段的总时间为 $200000 \times 100\mu s=20s$，$CA$ 段执行完成后电机停止。

总时间示意图如图 3-40 所示。

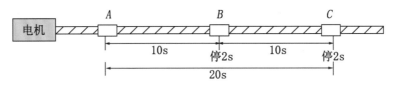

图 3-40 总时间示意图

主程序如图 3-41 所示。

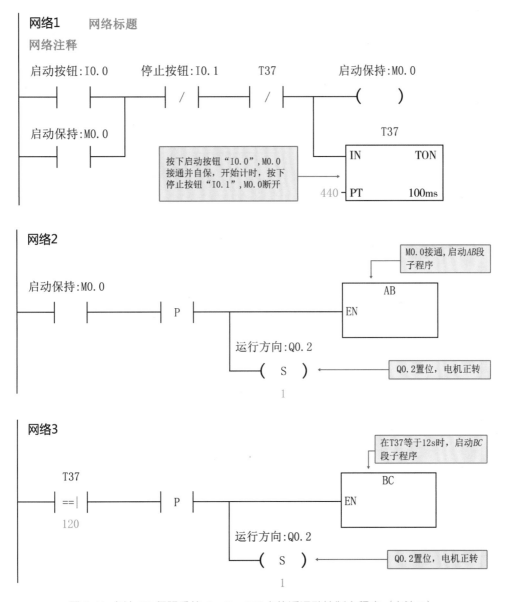

图 3-41 台达 B2 伺服系统 *A*、*B*、*C* 三点往返运动控制主程序（方法二）

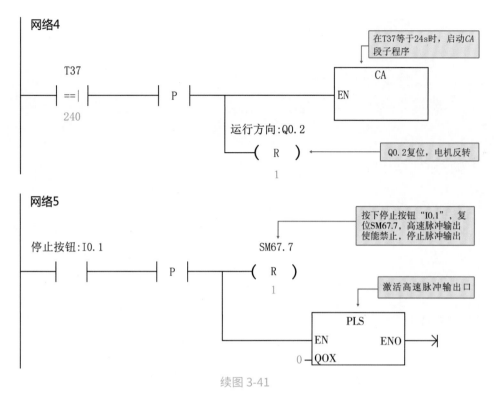

续图 3-41

AB 段子程序如图 3-42 所示。

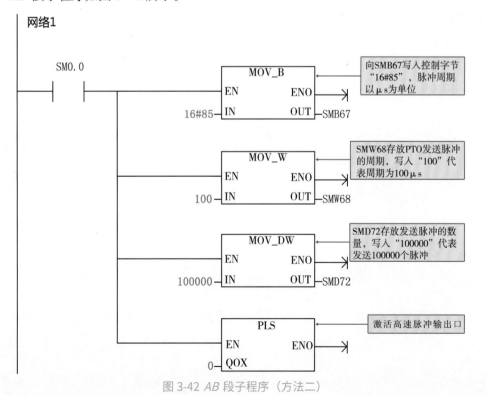

图 3-42 AB 段子程序（方法二）

BC 段子程序如图 3–43 所示。

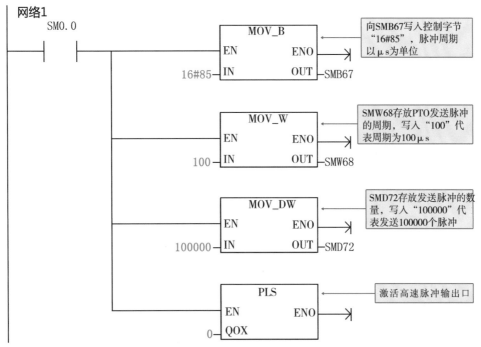

图 3-43 *BC* 段子程序（方法二）

CA 段子程序如图 3–44 所示。

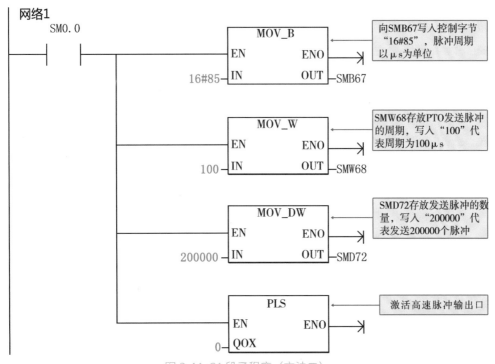

图 3-44 *CA* 段子程序（方法二）

■■ 案例 4：台达 B2 伺服系统单轴回原点控制

单轴丝杠螺距为 4mm，伺服控制的精度要求为 0.001mm。AB 段的距离为 100mm，原点开关的直径为 10mm。要求按下启动回原点按钮 "I0.0" 时，运动平台快速向原点开关 I0.1 方向运行，碰到原点开关后慢速运行，碰到原点开关下降沿停止运行。按照要求编写相应的程序。本案例运动控制平台示意图如图 3-45 所示，I/O 分配表见表 3-17。

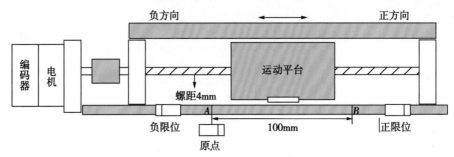

图 3-45 案例 4 运动控制平台示意图

表 3-17 案例 4 I/O 分配表

输入	功能	输出	功能
I0.0	启动回原点	Q0.0	脉冲输出口
I0.1	原点开关	Q0.2	电机运行方向

第一步：计算电机转一圈需要的脉冲数。

伺服控制精度要求为 0.001mm，那么可理解为伺服驱动器发一个脉冲，运动平台走的距离为 0.001mm。由题意可知，单轴丝杠螺距为 4mm，即电机转一圈丝杠（或运动平台）走的距离为 4mm。

可计算电机转一圈需要的脉冲数为 4mm/0.001mm=4000。

那么要达到控制精度 0.001mm 的要求，圈脉冲必须达到 4000 个以上。本案例取 4000 个。

第二步：计算电机需要的总脉冲数。

由题意可知，AB 段距离为 100mm，电机转一圈，运动平台移动 4mm，因此电机需转 25 圈（100mm/4mm=25），运动平台才能走完 100mm。由第一步分析可知，本案例中圈脉冲为 4000 个，所以 AB 段电机需要的总脉冲数为 4000×25=100000。

原点开关上升沿到下降沿所需的脉冲量至少为 4000×（10mm/4mm）=10000，这里取 11000 个。

第三步：计算脉冲周期。

由于回原点需要较慢的速度，因此在本案例中，设定启动回原点的周期为 200μs，触碰到原点开关的周期为 600μs。

第四步：调节伺服驱动器电子齿轮比。

台达 B2 伺服电机编码器的分辨率为 160000，那么可知伺服电机转一圈，编码器输出 160000 个检测脉冲。

如果丝杠螺距为 4mm，那么可以求出伺服电机的固有精度即固有脉冲当量为 4mm/160000。

如果要求输入一个指令脉冲时，运动平台位移为 0.001mm（指令脉冲当量），那么伺服电机转一圈需要输入的指令脉冲数为 4mm/0.001mm=4000。就是说，伺服电机转一圈时，输给主控器的指令脉冲量是 4000 个，每输入一个指令脉冲，运动平台精确移动 0.001mm；电机转一圈输入的指令脉冲量（4000 个）和编码器输出检测脉冲量（160000 个）不相符，这时候我们通过伺服放大器内部虚拟电子齿轮，利用电子齿轮比将指令脉冲量（4000 个）换算成编码器分辨率（160000）。

可得到电子齿轮比为 160000/4000。

伺服驱动器电子齿轮比参数调节如表 3-18 所示。

表 3-18 设置电子齿轮比分子、分母

P1-44	电子齿轮比分子	160000	对应编码器分辨率为 160000
P1-45	电子齿轮比分母	4000	设定指令脉冲发 4000 个，电机转一圈

第五步：编写 PLC 程序。

主程序如图 3-46 所示。

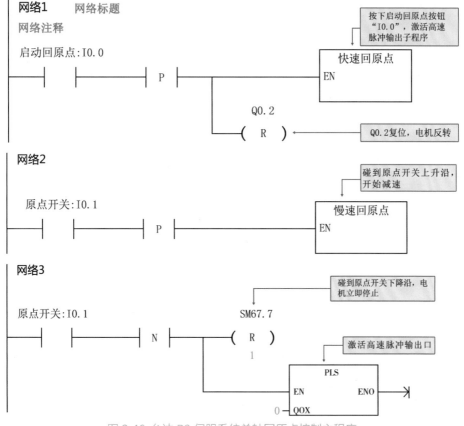

图 3-46 台达 B2 伺服系统单轴回原点控制主程序

快速回原点子程序如图 3-47 所示。

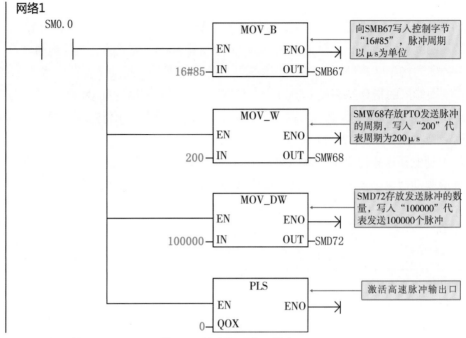

图 3-47 快速回原点子程序

慢速回原点子程序如图 3-48 所示。

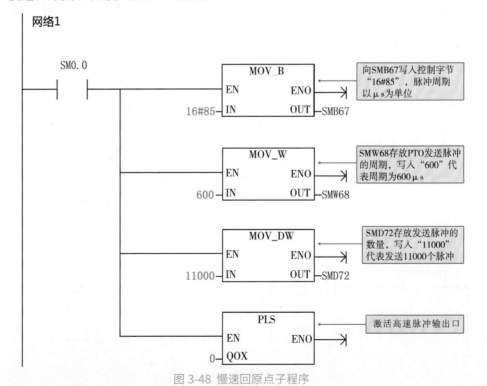

图 3-48 慢速回原点子程序

第4章
西门子V90伺服系统案例应用

西门子伺服驱动器有多个系列，西门子V90伺服驱动器是目前应用较为广泛的伺服驱动器，本章以西门子V90伺服驱动器为例进行讲解。

西门子V90伺服驱动器型号：6SL3210-5FE10-4UA0。伺服电机型号：SIMOTICS S-1FL6。

该伺服驱动器额定参数如下。

电源电压：三相220~240V或单相220~240V。

额定输出电压：0~240V(三相)。

额定输出电流：2.6A。

额定输出功率：400W。

编码器类型：增量式。

编码器分辨率：2500(表示每转发2500个脉冲)。

控制方式：位置控制（外部脉冲信号）。西门子S7-200系列PLC高速脉冲输出控制伺服运动。

4.1 西门子V90伺服系统硬件介绍

西门子V90系列伺服驱动器对原来的驱动器进行了性能升级，设定和调整极其简单；所配套的电机，采用增量式编码器，且实现了低齿槽转矩；提高了在低刚性机器上的稳定性，可在高刚性机器上进行高速高精度运转，广泛应用于各种机器。

运动控制装置所采用的西门子V90系列的伺服电机为SIMOTICS S-1FL6，铭牌及其说明如图4-1所示，配套的伺服驱动器型号为6SL3210-5FE10-4UA0，铭牌及型号如图4-2所示。

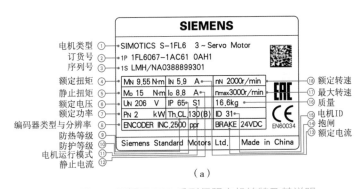

图 4-1 西门子 V90 系列伺服电机铭牌及其说明

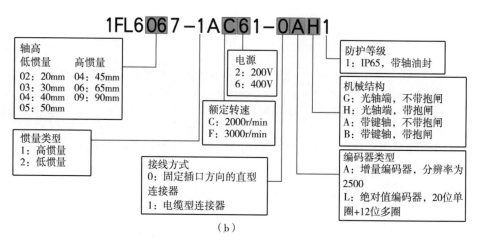

（b）

续图 4-1

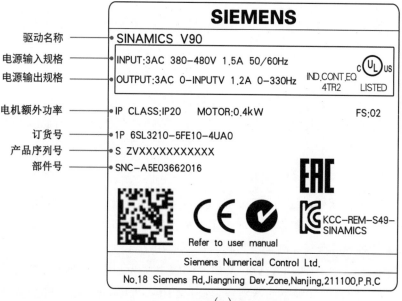

（a）

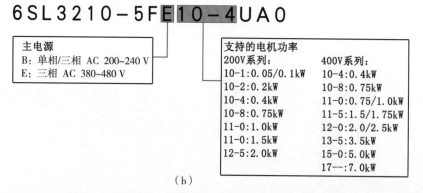

（b）

图 4-2 西门子 V90 系列伺服驱动器铭牌及型号说明

4.2 伺服接线端子介绍

伺服驱动器外壳上有可以连接的电源输入端子和电机连接端子，其面板示意图及说明如图 4-3 所示。

序号	名称
1	前面板
2	控制电源输入连接器
3	主电源输入连接器
4	电机输出连接端子
5	制动电阻连接器
6	USB 输出端口
7	SD 卡插口
8	并行 IO 连接器
9	编码器连接器

图 4-3 西门子 V90 系列伺服驱动器面板示意图及说明

4.2.1 控制电源输入连接器介绍

当伺服系统使用悬挂轴时，如果 24V 电源的正负极接反，则轴会掉落，这可能会导致人身伤害和设备损坏事故。因此，要确保 24V 电源正确连接。

STO1、STO+ 和 STO2 在出厂时是默认短接的。当需要使用 STO（safe torque off）功能时，在连接 STO 接口前必须拔下接口上的短接片。若不使用该功能，必须重新插入短接片，否则电机无法运行。

STO 功能可以和设备功能一起协同工作，在故障情况下安全封锁电机的扭矩输出。选择此功能后，驱动器便处于"安全状态"。

STO 功能可以用于以下两种场景：驱动器需要通过负载扭矩或摩擦力在很短时间内到达静止状态；驱动器自由停车不安全。

西门子 V90 伺服驱动器控制电源接线图如图 4-4 所示，24V 电源 /STO 接口介绍见表 4-1。

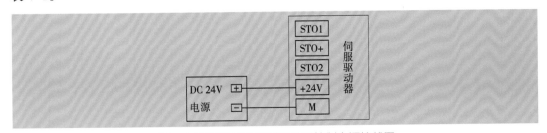

图 4-4 西门子 V90 伺服驱动器控制电源接线图

表 4-1 24V 电源 /STO 接口介绍

接口	信号名称	描述	备注
	STO1	安全扭矩停止通道 1	
	STO+	安全扭矩停止的电源	
	STO2	安全扭矩停止通道 2	
	+24V	电源 DC 24V	电压公差: ·不带抱闸时:−15%~20% ·带抱闸时:−10%~10% 最大电流消耗: ·1.6A(不带抱闸电源) ·3.6A(带抱闸电源)
	M	电源 DC 0V	
		最大导线截面面积:1.5mm²	

■■ 4.2.2 主电源输入连接器介绍

伺服驱动器电源接线方法分为单相与三相两种。三相适用于西门子 V90 全系列。单相适用于部分西门子 V90 伺服驱动器。单相接线时可将电源连接至 L1、L2 和 L3 中的任意两个上。

西门子 V90 伺服驱动器主电源接线图如图 4–5 所示。

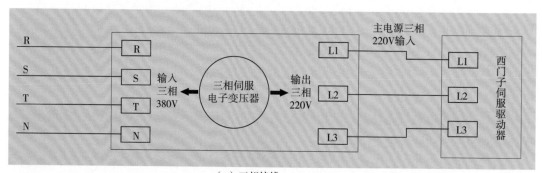

（a）三相接线

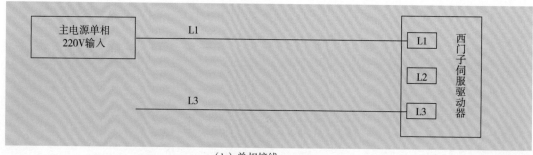

（b）单相接线

图 4-5 西门子 V90 伺服驱动器主电源接线图

■■■ 4.2.3 电机输出连接端子介绍

西门子 V90 伺服驱动器电机输出连接端子接线图如图 4-6 所示。

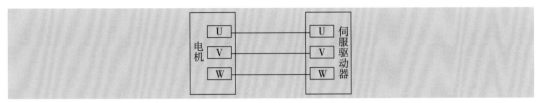

图 4-6 西门子 V90 伺服驱动器电机输出连接端子接线图

■■■ 4.2.4 制动电阻连接器介绍

西门子 V90 伺服驱动器配有内部制动电阻，以吸收电机的再生能量。当内部制动电阻不能满足制动要求（即产生 A52901 报警）时，可以连接外部制动电阻。内置制动电阻接线方法如图 4-7 所示。

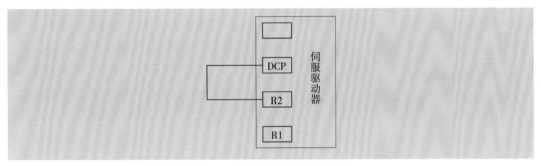

图 4-7 内置制动电阻接线方法

西门子 V90 伺服驱动器内置制动电阻规格如表 4-2 所示。

表 4-2 内置制动电阻规格

西门子 V90		电阻 /Ω	最大功率 /kW	额定功率 /W	最大能量 /kJ
电源	外形尺寸				
单相 / 三相， AC 200V 至 AC 240 V	FSA	150	1.09	13.5	0.55
	FSB	100	1.64	20.5	0.82
	FSC	50	3.28	41	1.64
三相，AC 220V 至 AC 240 V	FSD(1kW)	50	3.28	41	2.46
	FSD(1.5~2kW)	25	6.56	82	4.92
三相，AC 380V 至 AC 480 V	FSAA	533	1.2	17	1.8
	FSA	160	4	57	6
	FSB	70	9.1	131	13.7
	FSC	27	23.7	339	35.6

连接外部制动电阻到 DCP 和 R1 端子前，必须拔下连接器上的短接棒，否则会使驱动器损坏。如图 4-8 所示，制动电阻连接在 DCP 和 R2 两端子上。

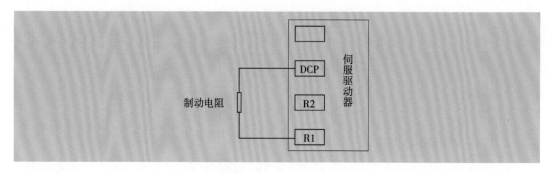

图 4-8 外接制动电阻接线方法

当电机驱动运动平台快速往返运动时，直流母线的电压会升高。若电压达到设定阈值，制动电阻开始工作，散热器温度开始升高（>100℃）。若报警 A52901 和 A5000 同时出现，需要将内部制动电阻转换为外部制动电阻。用户可以根据表 4-3 选择外部制动电阻。

表 4-3 外部制动电阻的选择

西门子 V90		电阻 /Ω	最大功率 /kW	额定功率 /W	最大能量 /kJ
电源	外形尺寸				
单相 / 三相，AC 200V 至 AC 240 V	FSA	150	1.09	20	0.8
	FSB	100	1.64	21	1.23
	FSC	50	3.28	62	2.46
三相，AC 220V 至 AC 240 V	FSD(1kW)	50	3.28	62	2.46
	FSD(1.5~2kW)	25	6.56	123	4.92
三相，AC 380V 至 AC 480 V	FSAA	533	1.2	30	2.4
	FSA	160	4	100	8
	FSB	70	9.1	229	18.3
	FSC	27	23.7	1185	189.6

■■■ 4.2.5　USB 输出端口介绍

如图 4-9 所示，驱动器通过 USB 输出端口可以与电脑连接，使得用户通过西门子软件 V-ASSISTANT-v1-06-00 控制伺服驱动器。

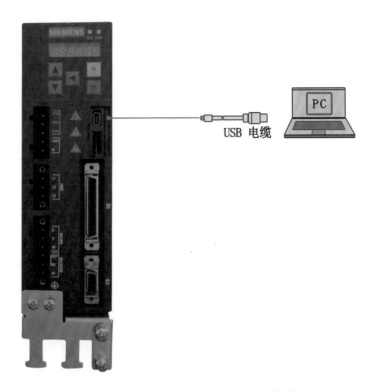

图 4-9 西门子 V90 伺服驱动器 USB 输出端口

4.2.6　并行 IO 连接器 X8 介绍

并行 IO 连接器 X8 端子分布如图 4-10 所示。

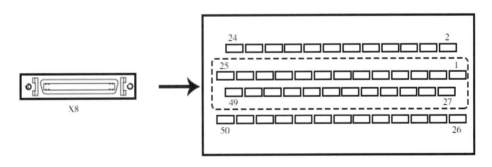

图 4-10 并行 IO 连接器 X8 端子分布

4.2.7　编码器连接器 X9 介绍

西门子 V90 200V 系列伺服驱动器仅支持增量式编码器，而西门子 V90 400V 系列伺服驱动器支持增量式编码器和绝对值式编码器。低惯量和高惯量电机的编码器连接方式不一样，在连接时需要按照接线图接线。西门子 V90 200V 系列和 400V 系列伺服驱动器编码器连接器介绍见表 4-4 和表 4-5。

表 4-4 西门子 V90 200V 系列伺服驱动器编码器连接器介绍

示意图	针脚号	增量式编码器	
		信号	描述
低惯量电机，轴高：20mm、30mm 和 40mm			

示意图	针脚号	信号	描述
	1	P_Supply	电源 5V
	2	M	电源 0V
	3	A+	相位 A+
	4	B+	相位 B+
	5	R+	相位 R+
	6	N.C	未连接
	7	P_Supply	电源 5V
	8	M	电源 0V
	9	A−	相位 A−
	10	B−	相位 B−
	11	R−	相位 R−
	12	屏蔽	接地

表 4-5 西门子 V90 400V 系列伺服驱动器编码器连接器介绍

示意图	针脚号	增量式编码器		绝对值式编码器（用于高惯量电机）	
		信号	描述	信号	描述
低惯量电机，轴高：50mm 高惯量电机，轴高：45mm、65mm 和 90mm					
	1	P_Supply	电源 5V	P_Supply	电源 5V
	2	M	电源 0V	M	电源 0V
	3	A+	相位 A+	N.C	未连接
	4	A−	相位 A−	Clock_N	反相时钟
	5	B+	相位 B+	DATA_P	数据
	6	B−	相位 B−	Clock_P	时钟
	7	R+	相位 R+	N.C	未连接
	8	R−	相位 R−	DATA_N	反相数据

▀▄ 4.2.8　位置控制模式配线图

位置控制模式配线图如图 4-11 所示。

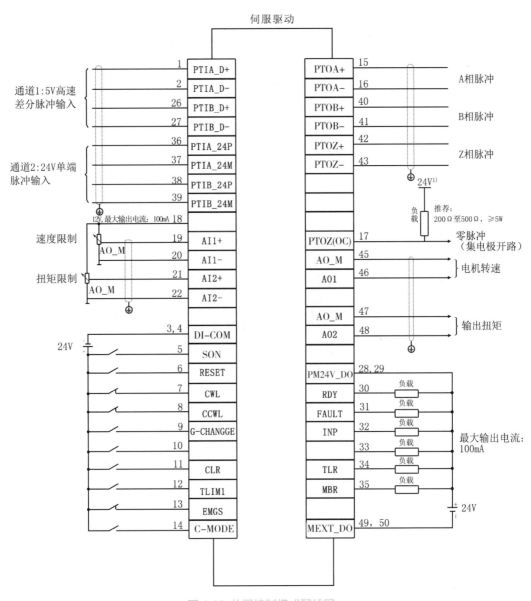

图 4-11 位置控制模式配线图

▀ 4.3　西门子 V90 系列伺服驱动器操作面板介绍和参数设定

▀▄ 4.3.1　西门子 V90 系列伺服驱动器操作面板介绍

西门子 V90 系列伺服驱动器操作面板介绍如图 4-12 所示。

将光标从当前位移动到前一位进行独立的位编辑，包括正向/负向标记的位说明：
当编辑该位时，"_"表示正，"-"表示负

指示灯

6位七段数码管显示屏

• 翻至下一菜单项
• 增加参数值
• 顺时针方向点动

• 退出当前菜单
• 在主菜单中进行操作模式的切换

• 翻至上一菜单项
• 减小参数值
• 逆时针方向点动

短按：
• 确认选择或输入
• 进入子菜单
• 清除报警
长按：
激活辅助功能
• 设置Drive Bus总线地址
• 点动
• 保存驱动中的参数集（从RAM至ROM）
• 恢复参数集的出厂设置
• 传输数据（从驱动器至微型SD卡/SD卡）
• 传输数据（从微型SD卡/SD卡至驱动器）
• 更新固件

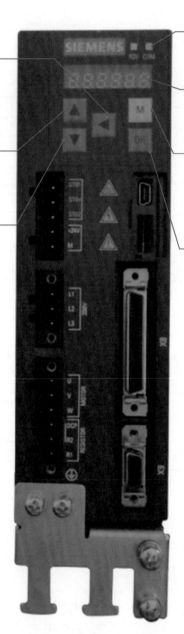

注：组合键的功能如下。

OK+M：长按组合键 4s 重启驱动器。

▲ + ◄：当右上角显示 ┍ 时，向左移动当前显示页，如 00.000。

▼ + ◄：当右上角显示 ┙ 时，向右移动当前显示页，如 0010。

图 4-12 西门子 V90 系列伺服驱动器面板介绍

面板上指示灯的状态如图 4-13 所示，指示灯状态说明见表 4-6。

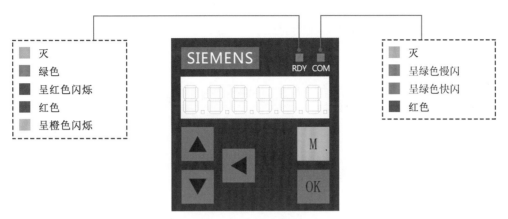

图 4-13 指示灯的状态

表 4-6 指示灯的状态说明

指示灯	颜色	状态	描述
RDY	—	灭	控制板无 24V 直流输入
	绿色	常亮	驱动器处于伺服开状态
	红色	常亮	驱动器处于伺服关状态或启动状态
		以 1Hz 频率闪烁	存在报警或故障
COM	—	灭	未启动与 PC 的通信
	绿色	以 0.5Hz 频率闪烁	启动与 PC 的通信
		以 2Hz 频率闪烁	微型 SD 卡 /SD 卡正在工作（读取或写入）
	红色	常亮	与 PC 通信发生错误

■■ 4.3.2　西门子 V90 系列伺服驱动器的参数设定

参数定义分为 3 大群组，分别是 Para 可编辑参数、daTa 只读参数数据、FUNC 功能组参数。Para 共分七组参数： – P0A，基本；POB，增益调整；POC，速度控制；POD，扭矩控制；POE，位置控制；POF，IO；P AII，所有参数。

在调试参数的过程中，七段数码管字母显示请参照图 4–14。

1		6		A/a		F/f		K/k		P/p		U/u	
2		7		B/b		G/g		L/1		Q/q		V/v	
3		8		C/c		H/h		M/m		R/r		Y/y	
4		9		D/d		I/i		N/n		S/s		Z/z	
5		0		E/e		J/j		O/o		T/t		-	

图 4-14 七段数码管字母显示

4.4 西门子 V90 系列伺服驱动器的常见操作案例

4.4.1 案例 1 参数恢复出厂设置

在第一次调试伺服驱动器时往往需要将参数恢复出厂设置，图 4-15 是西门子 V90 伺服驱动器参数恢复出厂设置的步骤。

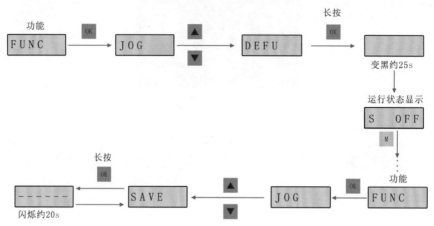

图 4-15 参数恢复出厂设置

4.4.2 案例 2 参数保存

此功能用于将驱动器 RAM 中的参数集保存至 ROM。图 4-16 是西门子 V90 伺服驱动器参数保存的步骤。

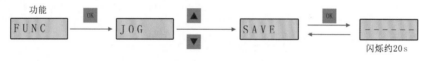

图 4-16 参数保存

4.4.3 案例 3 JOG 点动参数设置

JOG 功能可以运行连接的电机和查看点动转速或扭矩。为确保正常运行，数字量信号 EMGS 必须保持在高电平 1，且完成 JOG 点动设置后，需要退出 JOG 模式才可操作伺服驱动器的其他功能。西门子 V90 伺服驱动器 JOG 点动参数设置的步骤如图 4-17 所示。

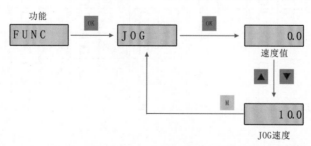

图 4-17 JOG 点动参数设置

4.5 **西门子 V90 系列伺服驱动器的参数设置**

伺服驱动装置工作于位置控制模式下。S7-224XP 的 Q0.0 输出脉冲作为伺服驱动器的位置指令，脉冲数量决定了伺服电机的旋转位移，即机械手的直线位移，脉冲频率决定了伺服电机的旋转速度，即机械手的运动速度。S7-224XP 的 Q0.2 输出脉冲作为伺服驱动器的方向指令。对于控制要求较为简单的装置，伺服驱动器可采用自动增益调整模式。西门子 V90 伺服驱动器位置控制参数设置如表 4-7 所示。

表 4-7 西门子 V90 伺服驱动器位置控制参数设置

序号	参数		设置数值	缺省设置	功能和含义
	参数号	参数名称			
1	P29002	BOP 面板显示	0	0	BOP 面板显示选择
2	P29003	控制模式设定	0	0	位置控制
3	P29014	选择脉冲输入电压级别	1	1	"0" 表示 5V，"1" 表示 24V
4	P29010	选择输入脉冲形式	0	0	指令脉冲输入方式设置为脉冲序列＋符号
5	P29011	电机每旋转一圈的脉冲数	4000	10000	设定相当于电机每旋转 1 圈的指令脉冲数。"4000" 代表发 4000 个脉冲电机旋转一圈
6	P29012[0]	指令分倍频分子（电子齿轮比分子）	10000	1	如果 P29011 为 0，P29012 和 P29013 有效
7	P29013	指令分倍频分母（电子齿轮比分母）	4000	1	如果 P29011 为 0，P29012 和 P29013 有效
8	P29301[0]	分配数字量输入	1	1	设定 DI1 为 1，代表 DI1 为伺服 ON 启动信号
9	P29302[0]	驱动禁止输入设定	2	2	设定 DI2 为 2，代表 DI2 为伺服复位信号
10	P29303[0]	驱动禁止输入设定	3	3	设定 DI3 为 3，代表 DI3 为 CWL 正转超限位信号
11	P29304[0]	驱动禁止输入设定	4	4	设定 DI4 为 4，代表 DI4 为 CCWL 反转超限位信号

4.6 **各位置控制参数的设定**

1. P29002（BOP 面板显示）选择

P29002 的设定如表 4-8 所示。

表 4-8 P29002（BOP 面板显示）设定

设定值	含义
0	实际速度（默认值）
1	直流电压
2	实际扭矩
3	实际位置
4	位置跟随误差

设置参数：将 P29002 设为 0，表示实际速度。

2. P29003 控制模式设定

P29003 控制模式设定如表 4-9 所示。

表 4-9 P29003 控制模式设定

设定值	含义
0	通过脉冲序列输入（PTI）进行位置控制
1	内部设定值位置控制（IPos）
2	速度控制（S）
3	扭矩控制（T）

设置参数：将 P29003 设为 0，表示位置控制模式。

3. P29014 脉冲输入电压级别设定

P29014 可选择设定脉冲的逻辑级别，如表 4-10 所示。

表 4-10 脉冲输入电压级别设定

设定值	含义
0	5V
1	24V

设置参数：将 P29014 设为 1，表示脉冲输入电压级别为 24V。

4. P29010 输入脉冲形式设定

P29010 可选择设定脉冲输入形式。修改 P29010 之后，参考点会丢失，A7461 将提醒用户重新找回参考点。

输入脉冲形式设定如表 4-11 所示。

表 4-11 输入脉冲形式设定

设定值	含义
0	脉冲 + 方向，正逻辑
1	AB 相，正逻辑
2	脉冲 + 方向，负逻辑
3	AB 相，负逻辑

· 106 ·

设置参数：将 P29010 设为 0，表示输入脉冲形式为脉冲 + 方向。

5. P29011 电机每旋转一圈的脉冲数设定

P29011 用于设定电机每转一圈的脉冲数。当脉冲数达到这一值时，伺服电机转一圈。当该值为 0 时，所需的脉冲数取决于电子齿轮比，即 P29012 和 P29013。

6. P29012[0] 指令分倍频分子（电子齿轮比分子）

对于使用绝对值式编码器的伺服系统，P29012 的取值范围为 1~10000。共有 4 个电子齿轮比分子，通过配置数字量输入信号 EGEAR 可以选择其中一个分子。关于分子计算的更多信息，请参见 SINAMICS V90 操作说明或通过 SINAMICS V-ASSISTANT 计算。当 P29011 为 0 时，P29012 起作用。

7. P29013 指令分倍频分母（电子齿轮比分母）

当 P29011 为 0 时，P29013 起作用。

8. P29301[0] 分配数字量 DI1 输入

其默认值为 1，功能选择参照表 4-12。

表 4-12 数字量输入信号 DI（PTI 模式）的功能

DI 功能	设置参数值	DI 功能	设置参数值	DI 功能	设置参数值	DI 功能	设置参数值
SON	1	EGEAR1	8	SPD1	15	POS2	22
RESET	2	EGEAR2	9	SPD2	16	POS3	23
CWL	3	TLIMT1	10	SPD3	17	REF	24
CCWL	4	TLIMT2	11	TSET	18	SREF	25
G-CHANGE	5	CWE	12	SLIMT1	19	STEPF	26
P-TRG	6	CCWE	13	SLIMT2	20	STEPB	27
CLR	7	ZSCLAMP	14	POS1	21	STEPH	28

设置参数：将 P29301 设为 1，表示 DI1 端子为伺服 SON 信号。

9. P29302[0] 分配数字量 DI2 输入

其默认值为 2，功能选择参照表 4-12。

设置参数：将 P29302 设为 2，代表伺服复位信号。

10. P29303[0] 分配数字量 DI3 输入

其默认值为 3，功能选择参照表 4-12。

设置参数：将 P29303 设为 3，代表伺服正限位信号。

11. P29304[0] 分配数字量 DI4 输入

其默认值为 4，功能选择参照表 4-12。

设置参数：将 P29304 设为 4，代表伺服负限位信号。

4.7 伺服驱动器及其与 PLC 的接线

1. 伺服驱动器 CWL 端子 7 和 CCWL 端子 8 的接线

伺服驱动器 CWL 端子 7 和 CCWL 端子 8 同时接通时，伺服驱动器才能够正常工作。西门子伺服驱动器的信号线是高电平有效的，所以公共端 DI_COM 接 0V。CWL 端子 7 和 CCWL 端子 8 通过限位开关的常闭触点给 24V 信号，与 DI_COM 构成回路。触发任意一组限位开关，伺服驱动器执行限位保护，让伺服电机停止。伺服驱动器 CWL 端子 7 和 CCWL 端子 8 的接线如图 4-18 所示。

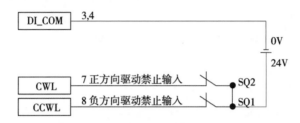

图 4-18 伺服驱动器 CWL 端子 7 和 CCWL 端子 8 的接线

2. 指令脉冲禁止输入端子 6 的接线

当指令脉冲禁止输入端子 6 高电平接通时电机正常运行，当指令脉冲禁止输入端子 6 高电平断开时电机停止运行。伺服驱动器采用脉冲 + 方向控制时，指令脉冲禁止输入端子 6 有停止伺服电机的功能。西门子伺服驱动器的信号线是高电平有效的，所以公共端 DI_COM 接 0V。指令脉冲禁止输入端子 6 通过停止按钮的常闭触点给 24V 信号，与 DI_COM 构成回路。指令脉冲禁止输入端子 6 的接线如图 4-19 所示。

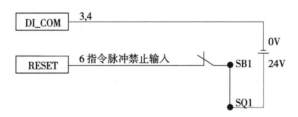

图 4-19 指令脉冲禁止输入端子 6 的接线

3. 伺服 ON 输入接线

当伺服驱动器做点动控制时，伺服 ON 输入一定要断开，否则无法进行伺服点动控制。如果伺服驱动器采用脉冲 + 方向控制，伺服 ON 输入必须接通，伺服电机才能够正常工作。伺服 ON 输入有点动控制与自动控制切换的功能。伺服 ON 输入接线如图 4-20 所示。

图 4-20 伺服 ON 输入接线

4. 伺服驱动器与 PLC 的接线

（1）脉冲信号接线。

PTIA-24P 端子 36 和 PTIA-24M 端子 37 是伺服驱动器的脉冲信号端子。PTIA-24M 端子 37 是脉冲信号的负极，接 0V。PLC 给 24V 电压脉冲信号，与 PTIA-24P 端子 36 构成回路。，这里以西门子 200 PLC 为例说明。西门子 200 PLC 的 Q0.0 和 Q0.1 可发送高速脉冲，此处选择 Q0.0 发送高速脉冲，脉冲信号接线如图 4-21 所示。

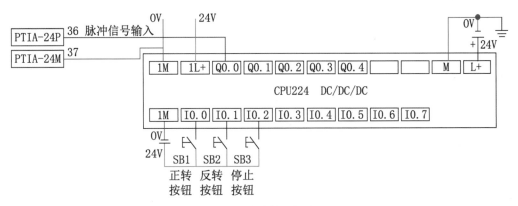

图 4-21 脉冲信号接线

（2）方向信号接线。

PTIB-24P 端子 38 和 PTIB-24M 端子 39 是伺服驱动器的方向信号端子。PTIB-24M 端子 39 是方向信号的负极，接 0V。PLC 给 24V 电压信号，与 PTIB-24P 端子 38 构成回路。这里以西门子 200 PLC 为例说明。西门子 200 PLC 的 Q0.0 和 Q0.1 是高速脉冲，选择 Q0.2 为方向信号，方向信号接线如图 4-22 所示。

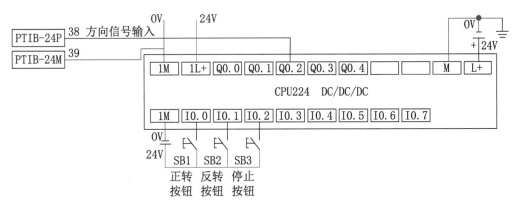

图 4-22 方向信号接线

5. 伺服驱动器与 PLC 的完整接线

这里以西门子 200 PLC 为例说明。西门子 200 PLC 的 Q0.0 为高速脉冲，Q0.2 为方向信号。CCWL 端子 8 接限位开关 SQ1，CWL 端子 7 接限位开关 SQ2，指令脉冲禁止输入端子 6 接按钮开关 SB1，伺服 ON 输入端子 5 接按钮开关 SB2。伺服驱动器与 PLC 的完整接线如图 4-23 所示。

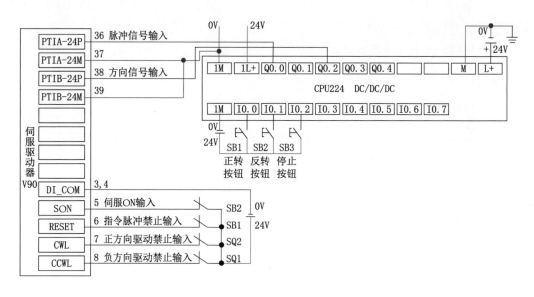

图 4-23 伺服驱动器与 PLC 的完整接线

4.8 电子齿轮比介绍

PLC 发出的脉冲数 × 电子齿轮比 = 编码器接收的脉冲数

P29011 ≠ 0 时，电子齿轮比由编码器分辨率和 P29011 的比值确定，即

$$电子齿轮比 = \frac{编码器的分辨率}{P29011}$$

P29011 = 0 时，电子齿轮比由 P29012 和 P29013 的比值确定，即

$$电子齿轮比 = \frac{P29012}{P29013}$$

【例 1】 PLC 发 5000 个脉冲，电机旋转 1 圈，如何设置电子齿轮比？

【解】 电机旋转 1 圈，编码器接收的脉冲数为 10000 个。

方案 1：P29011 ≠ 0 时，编码器接收的脉冲数 = PLC 发出的脉冲数 × $\frac{编码器的分辨率}{P29011}$（电子齿轮比），将数值代入公式：

$$10000 = 5000 \times \frac{10000}{P29011}$$

得到 P29011 = 5000，所以电子齿轮比为 $\frac{10000}{5000}$。

方案 2：P29011=0 时，编码器接收的脉冲数 = PLC 发出的脉冲数 $\times \dfrac{P29012}{P29013}$（电子齿轮比），将数值代入公式：

$$10000=5000 \times \frac{P29012}{P29013}$$

得到 $\dfrac{P29012}{P29013}=\dfrac{10000}{5000}$，所以电子齿轮比为 $\dfrac{10000}{5000}$。将 P29012 设为 10000，将 P29013 设为 5000。

【例 2】　丝杠螺距是 4mm，机械减速齿轮比为 1∶1，西门子 V90 伺服电机编码器的分辨率为 10000，脉冲当量 LU 为 0.001mm（LU 为一个脉冲工件移动的最小位移），如何设置电子齿轮比？

【解】　电子齿轮比设置见表 4-13。

表 4-13 电子齿轮比设置

图示	精度：0.001mm　　负载轴　　工件 编码器分辨率：10000　　滚珠丝杠（螺距：4mm）
机械结构参数	滚珠丝杠的螺距：4mm 减速齿轮比：1∶1
编码器分辨率	10000（西门子 V90 伺服电机编码器）
定义 LU(脉冲当量)	1LU=1 μ m=0.001mm
计算负载轴每转的脉冲数	4mm/0.001mm=4000
计算电子齿轮比	当 P29011 ≠ 0 时，根据公式编码器接收的脉冲数 = PLC 发出的脉冲数 × $\dfrac{\text{编码器的分辨率}}{P29011}$（电子齿轮比），将数值代入公式： $$10000=4000 \times \frac{10000}{P29011}$$ 得到 P29011=4000，所以电子齿轮比为 $\dfrac{10000}{4000}$。 当 P29011=0 时，根据公式编码器接收的脉冲数 = PLC 发出的脉冲数 × $\dfrac{P29012}{P29013}$（电子齿轮比），将数值代入公式： $$10000=4000 \times \frac{P29012}{P29013}$$ 得到 $\dfrac{P29012}{P29013}=\dfrac{10000}{4000}$，所以电子齿轮比为 $\dfrac{10000}{4000}$
设置参数	方法 1：将 P29011 设置为 4000，P29012、P29013 不用设置 方法 2：将 P29011 设置为 0，P29012 设置为 10000，P29013 设置为 4000

4.9 PLC 程序控制案例

■■ 案例 1：西门子 V90 伺服驱动器正反转控制

单轴丝杠螺距为 4mm，伺服控制的精度要求为 0.001mm。要求按下"I0.0"，电机正转，运动平台移动 20mm，且在 2s 内完成；按下"I0.1"，电机反转，运动平台移动 20mm，且在 2s 内完成；按下"I0.2"，电机停止运行。求对应的脉冲数，并写出相应的程序。本案例运动控制平台示意图如图 4-24 所示，I/O 分配表见表 4-14。

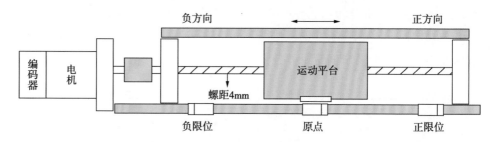

图 4-24 案例 1 运动控制平台示意图

表 4-14 案例 1 I/O 分配表

输入	功能	输出	功能
I0.0	正转按钮	Q0.0	脉冲输出口
I0.1	反转按钮	Q0.2	电机运行方向
I0.2	停止按钮		

第一步：计算电机转一圈需要的脉冲数。

伺服控制精度要求为 0.001mm，那么可理解为伺服驱动器发一个脉冲，运动平台走的距离为 0.001mm。由题意可知，单轴丝杠螺距为 4mm，即电机转一圈丝杠（或运动平台）走的距离为 4mm。

可计算电机转一圈需要的脉冲数为 4mm/0.001mm=4000。

那么要达到控制精度为 0.001mm 的要求，圈脉冲必须达到 4000 个以上。本案例取 4000 个。

第二步：计算电机需要的总脉冲数。

根据题意，要求按下"I0.0"运动平台走 20mm，由此可知伺服电机需要转 5 圈，且电机转 1 圈的脉冲数为 4000 个。

可计算电机需要的总脉冲数为 5×4000=20000。

第三步：计算脉冲周期。

由题意可知需要在 2s 内走完 20mm，脉冲总量为 20000 个。

可计算脉冲周期为 2s/20000=0.0001s=0.1ms=100μs。

第四步：调节伺服驱动器电子齿轮比。

西门子 V90 伺服电机编码器的分辨率为 10000，那么可知伺服电机转一圈，编码器输出 10000 个检测脉冲。

如果丝杠螺距为 4mm，那么可以求出伺服电机的固有精度即固有脉冲当量为 4mm/10000。

如果要求输入一个指令脉冲时，运动平台位移为 0.001mm（指令脉冲当量），那么伺服电机转一圈需要输入的指令脉冲数为 4mm/0.001mm= 4000。就是说，伺服电机转一圈时，输给主控器的指令脉冲量是 4000 个，每输入一个指令脉冲，运动平台精确移动 0.001mm；电机转一圈输入的指令脉冲量（4000 个）和编码器输出检测脉冲量（10000 个）不相符，这时候我们通过伺服放大器内部虚拟电子齿轮，利用电子齿轮比将指令脉冲量（4000 个）换算成编码器分辨率（10000）。

可得到电子齿轮比为 10000/4000。

伺服驱动器电子齿轮比的调节方法有两种。

第一种方法：直接设置圈脉冲，不用设置电子齿轮比分子、分母参数，见表 4-15。

表 4-15 直接设置圈脉冲

P29011	电机每旋转一圈的脉冲数	4000	设定相当于电机每旋转一圈的指令脉冲数

第二种方法：不设置圈脉冲，设置电子齿轮比分子、分母参数，见表 4-16。

表 4-16 设置电子齿轮比分子、分母

P29011	电机每旋转一圈的脉冲数	0	设置为 0，电子齿轮比需通过 P29012 和 P29013 设定
P29012	指令分倍频分子	10000	P29011 为 0，P29012 和 P29013 有效
P29013	指令分倍频分母	4000	P29011 为 0，P29012 和 P29013 有效

第五步：编写 PLC 程序。

主程序如图 4-25 所示。

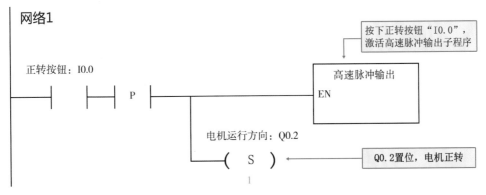

图 4-25 西门子 V90 伺服驱动器正反转控制主程序

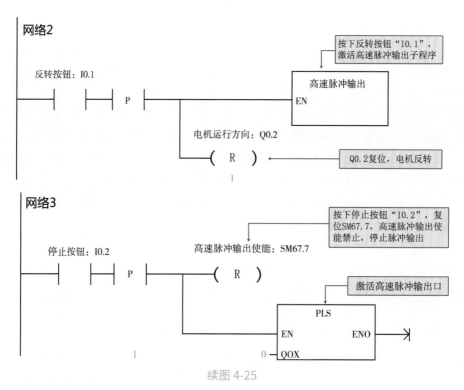

续图 4-25

高速脉冲输出子程序如图 4-26 所示。

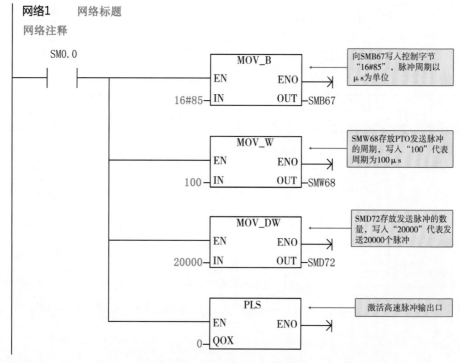

图 4-26 高速脉冲输出子程序

■■■ 案例 2：西门子 V90 伺服系统左右限位往返运动控制

单轴丝杠螺距为 4mm，伺服控制的精度要求为 0.001mm。要求按下"I0.0"，伺服电机正转，且运动平台在 32s 内完成一次往返运动。正限位到负限位的距离为 30mm，一次往返运动距离为 60mm。按下"I0.1"，电机停止运行。运动平台碰到负限位以后，伺服电机正转。运动平台碰到正限位以后，伺服电机反转。按照要求编写相应的程序。本案例运动控制平台示意图如图 4-27 所示，I/O 分配表见表 4-17。

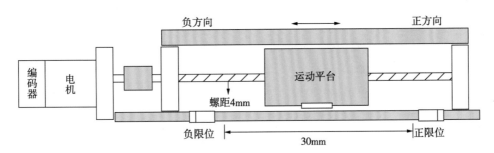

图 4-27 案例 2 运动控制平台示意图

表 4-17 案例 2 I/O 分配表

输入	功能	输出	功能
I0.0	启动按钮	Q0.0	脉冲输出口
I0.1	停止按钮	Q0.2	电机运行方向
I1.0	右限位		
I1.1	左限位		

第一步：计算电机转一圈需要的脉冲数。

伺服控制精度要求为 0.001mm，那么可理解为伺服驱动器发一个脉冲，运动平台走的距离为 0.001mm。由题意可知，单轴丝杠螺距为 4mm，即电机转一圈丝杠（或运动平台）走的距离为 4mm。

可计算电机转一圈需要的脉冲数为 4mm/0.001mm=4000。

那么要达到控制精度 0.001mm 的要求，圈脉冲必须达到 4000 个以上。本案例取 4000 个。

第二步：计算电机需要的总脉冲数。

由题意可知，正限位到负限位的距离为 30mm，电机转一圈，运动平台移动 4mm，因此电机需要转 7.5 圈（30mm/4mm=7.5），运动平台才能走完 30mm。由第一步分析可知，本案例中圈脉冲为 4000 个，所以可计算电机需要的总脉冲数为 4000×7.5=30000。

第三步：计算脉冲周期。

由题意可知，运动平台需要在 16s 内走完 30mm，脉冲总量为 30000 个。

可计算脉冲周期为 16s/30000=0.000533s=0.533ms=533μs≈530μs。

第四步：调节伺服驱动器电子齿轮比。

西门子 V90 伺服电机编码器的分辨率为 10000,那么可知伺服电机转一圈,编码器输出 10000 个检测脉冲。

如果丝杠螺距为 4mm,那么可以求出伺服电机的固有精度即固有脉冲当量为 4mm/10000。

如果要求输入一个指令脉冲时,运动平台位移为 0.001mm(指令脉冲当量),那么伺服电机转一圈需要输入的指令脉冲数为 4mm/0.001mm=4000。就是说,伺服电机转一圈时,输给主控器的指令脉冲量是 4000 个,每输入一个指令脉冲,运动平台精确移动 0.001mm;电机转一圈输入的指令脉冲量(4000 个)和编码器输出检测脉冲量(10000 个)不相符,这时候我们通过伺服放大器内部虚拟电子齿轮,利用电子齿轮比将指令脉冲量(4000 个)换算成编码器分辨率(10000)。

可得到电子齿轮比为 10000/4000。

伺服驱动器电子齿轮比的调节方法有两种。

第一种方法:直接设置圈脉冲,不用设置电子齿轮比分子、分母参数,见表 4-18。

表 4-18 直接设置圈脉冲

P29011	电机每旋转一圈的脉冲数	4000	设定相当于电机每旋转一圈的指令脉冲数

第二种方法:不设置圈脉冲,设置电子齿轮比分子、分母参数,见表 4-19。

表 4-19 设置电子齿轮比分子、分母

P29011	电机每旋转一圈的脉冲数	0	设置为 0,电子齿轮比需通过 P29012 和 P29013 设定
P29012	指令分倍频分子	10000	P29011 为 0,P29012 和 P29013 有效
P29013	指令分倍频分母	4000	P29011 为 0,P29012 和 P29013 有效

第五步:编写 PLC 程序。

主程序如图 4-28 所示。

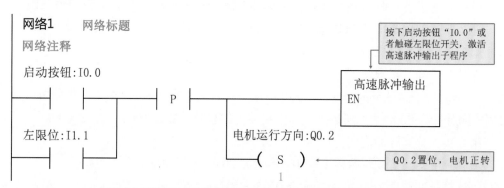

图 4-28 西门子 V90 伺服系统左右限位往返运动控制主程序

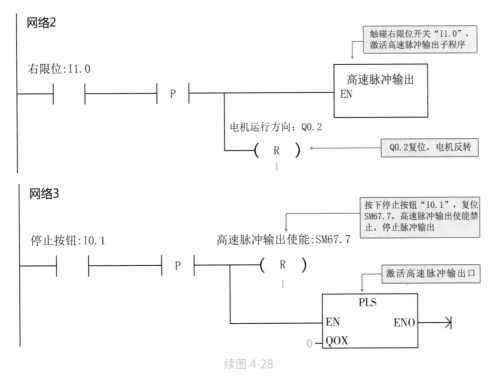

续图 4-28

子程序如图 4-29 所示。

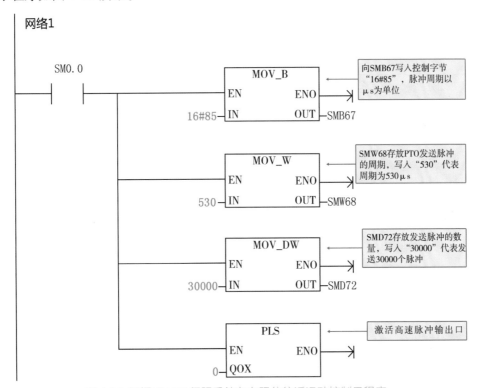

图 4-29 西门子 V90 伺服系统左右限位往返运动控制子程序

■■■ 案例 3：西门子 V90 伺服系统 A、B、C 三点往返运动控制

单轴丝杠螺距为 4mm，伺服控制的精度要求为 0.001mm，运动平台停在 A 点。

按下"I0.0"，伺服电机正转，运动平台从 A 点开始移动，10s 走 100mm 到 B 点停止。停止 2s 后又开始前进，10s 走 100mm 到 C 点停止。2s 后伺服电机启动，运动平台 20s 内直接返回 A 点，然后伺服电机停止。

再次按下"I0.0"，运动平台重复走以上的轨迹。

本案例运动控制平台示意图如图 4-30 所示，I/O 分配表见表 4-20。

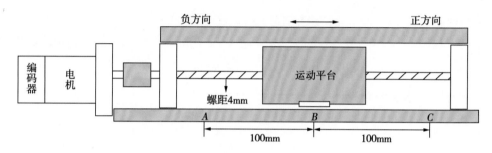

图 4-30 案例 3 运动控制平台示意图

表 4-20 案例 3 I/O 分配表

输入	功能	输出	功能
I0.0	启动按钮	Q0.0	脉冲输出口
I0.1	停止按钮	Q0.2	电机运行方向

第一步：计算电机转一圈需要的脉冲数。

伺服控制精度要求为 0.001mm，那么可理解为伺服驱动器发一个脉冲，运动平台走的距离为 0.001mm。由题意可知，单轴丝杠螺距为 4mm，即电机转一圈丝杠（或运动平台）走的距离为 4mm。

可计算电机转一圈需要的脉冲数为 4mm/0.001mm=4000。

那么要达到控制精度为 0.001mm 的要求，圈脉冲必须达到 4000 个以上。本案例取4000 个。

第二步：计算电机需要的总脉冲数。

（1）计算 AB 段脉冲数。由题意可知，AB 段距离为 100mm，电机转一圈，运动平台移动 4mm，因此电机需要转 25 圈（100mm/4mm=25），运动平台才能走完 AB 段。由第一步分析可知，本案例中圈脉冲为 4000 个，所以 AB 段电机需要的总脉冲数为4000×25=100000。

（2）计算 BC 段脉冲数。由题意可知，BC 段距离为 100mm，电机转一圈，运动平台移动 4mm，因此电机需要转 25 圈（100mm/4mm=25），运动平台才能走完 BC 段。

由第一步分析可知，本案例中圈脉冲为 4000 个，所以 BC 段电机需要的总脉冲数为 $4000 \times 25 = 100000$。

（3）计算 CA 段脉冲数。由题意可知，CA 段距离为 200mm，电机转一圈，运动平台移动 4mm，因此电机需要转 50 圈（200mm/4mm=50），运动平台才能走完 CA 段。由第一步分析可知，本案例中圈脉冲为 4000 个，所以 CA 段电机需要的总脉冲数为 $4000 \times 50 = 200000$。

总脉冲数示意图如图 4-31 所示。

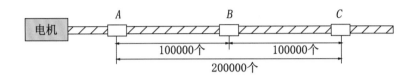

图 4-31 总脉冲数示意图

第三步：计算脉冲周期。

针对 AB 段，由题意可知，要在 10s 内走完 100mm，脉冲总数为 100000 个。

可计算脉冲周期为 10s/100000=0.0001s=0.1ms=100μs。

针对 BC 段，由题意可知，要在 10s 内走完 100mm，脉冲总数为 100000 个。

可计算脉冲周期为 10s/100000=0.0001s=0.1ms=100μs。

针对 CA 段，由题意可知，要在 20s 内走完 200mm，脉冲总数为 200000 个。

可计算脉冲周期为 20s/200000=0.0001s=0.1ms=100μs。

第四步：调节伺服驱动器电子齿轮比。

西门子 V90 伺服电机编码器的分辨率为 10000，那么可知伺服电机转一圈，编码器输出 10000 个检测脉冲。

如果丝杠螺距为 4mm，那么可以求出伺服电机的固有精度即固有脉冲当量为 4mm/10000。

如果要求输入一个指令脉冲时，运动平台位移为 0.001mm（指令脉冲当量），那么伺服电机转一圈需要输入的指令脉冲数为 4mm/0.001mm=4000。就是说，伺服电机转一圈时，输给主控器的指令脉冲量是 4000 个，每输入一个指令脉冲，运动平台精确移动 0.001mm；电机转一圈输入的指令脉冲量（4000 个）和编码器输出检测脉冲量（10000 个）不相符，这时候我们通过伺服放大器内部虚拟电子齿轮，利用电子齿轮比将指令脉冲量（4000 个）换算成编码器分辨率（10000）。

可得到电子齿轮比为 10000/4000。

伺服驱动器电子齿轮比的调节方法有两种。

第一种方法：直接设置圈脉冲，不用设置电子齿轮比分子、分母参数，见表 4-21。

表 4-21 直接设置圈脉冲

P29011	电机每旋转一圈的脉冲数	4000	设定相当于电机每旋转一圈的指令脉冲数

第二种方法：不设置圈脉冲，设置电子齿轮比分子、分母参数，见表 4-22。

表 4-22 设置电子齿轮比分子、分母

P29011	电机每旋转一圈的脉冲数	0	设置为 0，电子齿轮比需通过 P29012 和 P29013 设定
P29012	指令分倍频分子	10000	P29011 为 0，P29012 和 P29013 有效
P29013	指令分倍频分母	4000	P29011 为 0，P29012 和 P29013 有效

第五步：编写 PLC 程序。

方法一：使用中断方式实现伺服系统 A、B、C 三点往返运动控制。

主程序如图 4-32 所示。

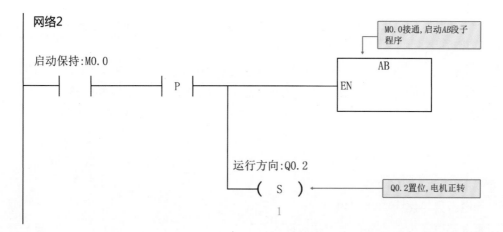

图 4-32 西门子 V90 伺服系统 A、B、C 三点往返运动控制主程序（方法一）

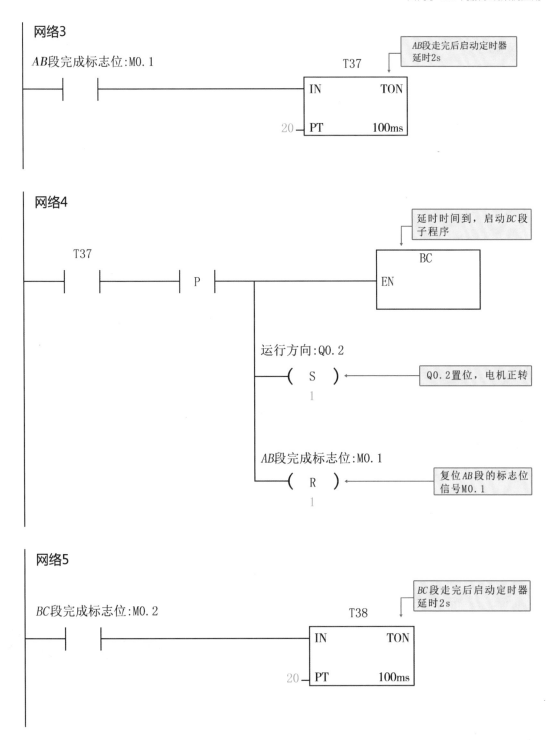

网络3

AB段完成标志位:M0.1

T37

IN   TON

20 — PT   100ms

AB段走完后启动定时器
延时2s

网络4

T37   P

延时时间到，启动BC段
子程序

BC
EN

运行方向:Q0.2

(S)
1

Q0.2置位，电机正转

AB段完成标志位:M0.1

(R)
1

复位AB段的标志位
信号M0.1

网络5

BC段完成标志位:M0.2

T38

IN   TON

20 — PT   100ms

BC段走完后启动定时器
延时2s

续图 4-32

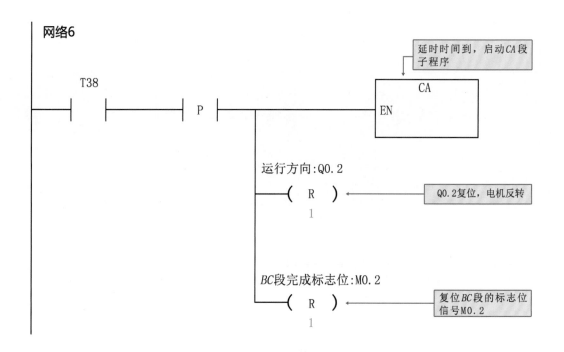

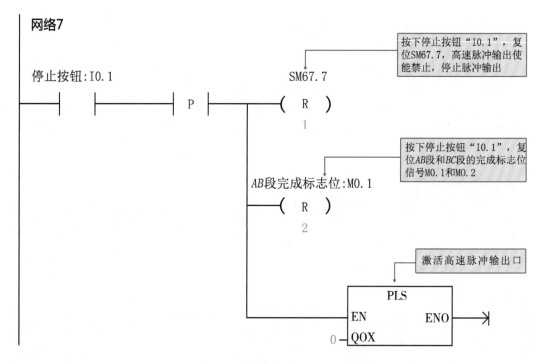

续图 4-32

AB 段子程序如图 4-33 所示。

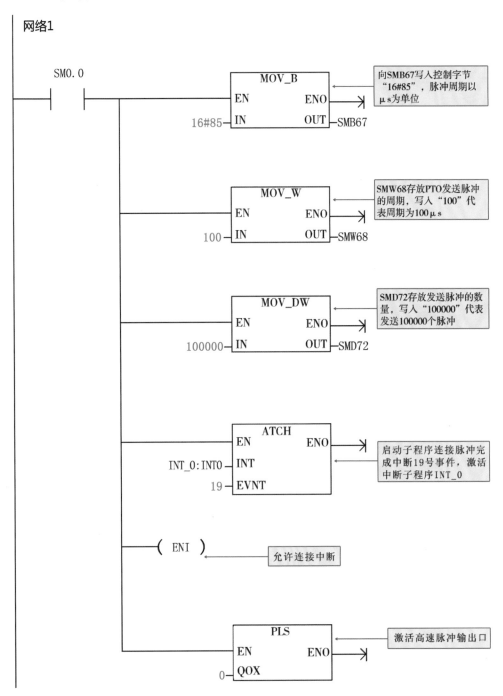

图 4-33 *AB* 段子程序（方法一）

BC 段子程序如图 4-34 所示。

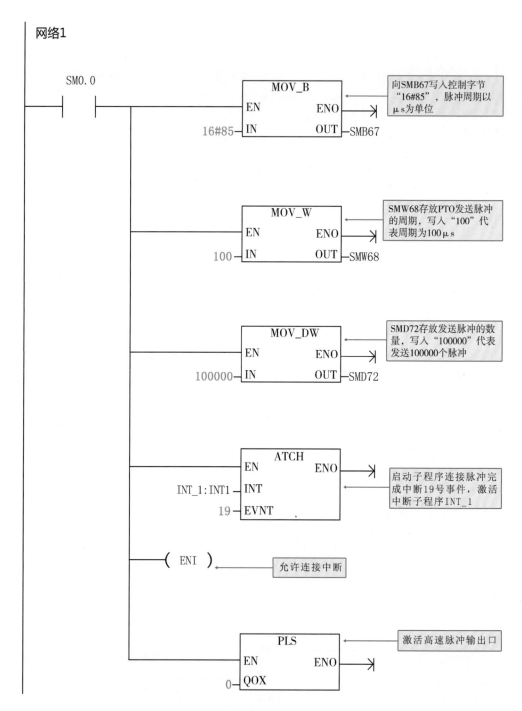

图 4-34 *BC* 段子程序（方法一）

CA 段子程序如图 4-35 所示。

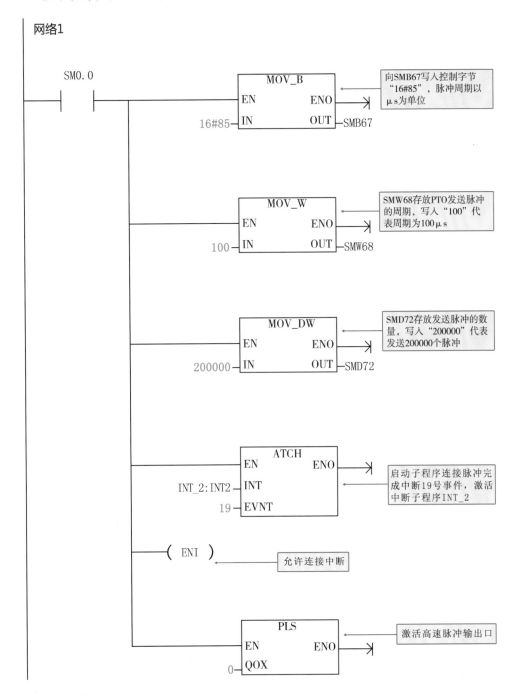

图 4-35 CA 段子程序（方法一）

中断子程序 1 如图 4-36 所示。

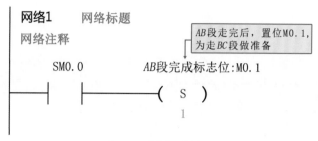

图 4-36 中断子程序 1

中断子程序 2 如图 4-37 所示。

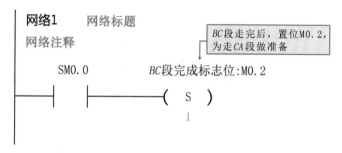

图 4-37 中断子程序 2

中断子程序 3 如图 4-38 所示。

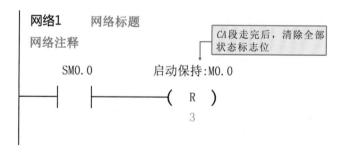

图 4-38 中断子程序 3

方法二：使用定时器完成伺服系统 A、B、C 三点往返运动控制。

由题意可知，AB、BC、CA 段周期均为 $100\mu s$。AB 段的总脉冲数为 100000 个，那么 AB 段的总时间为 $100000 \times 100\mu s = 10s$，AB 段执行完成后停 2s。

BC 段的总脉冲数为 100000 个，那么 BC 段的总时间为 $100000 \times 100\mu s = 10s$，BC 段执行完成后停 2s。

CA 段的总脉冲数为 200000 个，那么 CA 段的总时间为 $200000 \times 100\mu s = 20s$，CA 段执行完成后电机停止。

总时间示意图如图 4-39 所示。

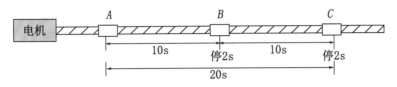

图 4-39 总时间示意图

主程序如图 4-40 所示。

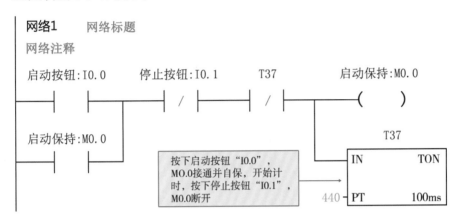

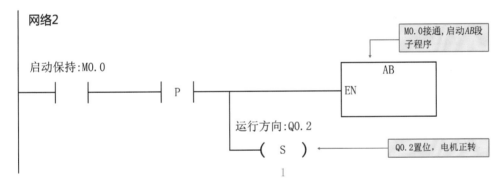

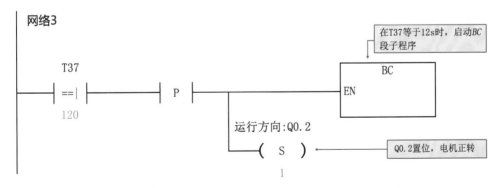

图 4-40 西门子 V90 伺服系统 A、B、C 三点往返运动控制主程序（方法二）

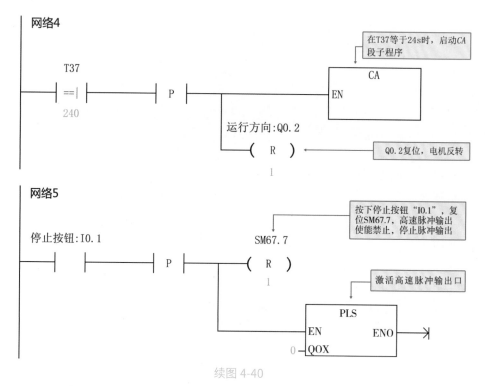

续图 4-40

AB 段子程序如图 4-41 所示。

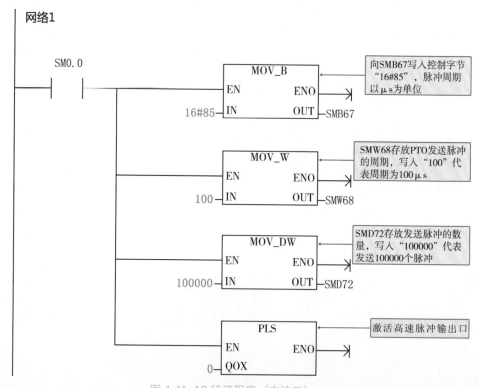

图 4-41 *AB* 段子程序（方法二）

BC 段子程序如图 4-42 所示。

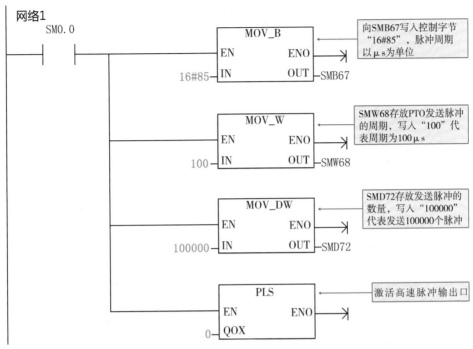

图 4-42 *BC* 段子程序（方法二）

CA 段子程序如图 4-43 所示。

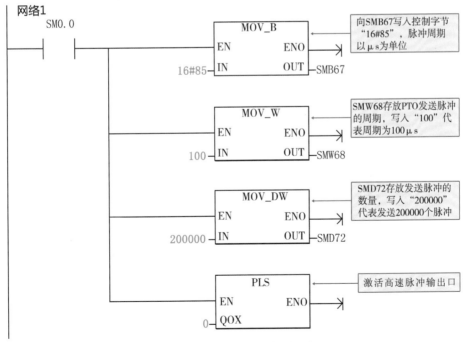

图 4-43 *CA* 段子程序（方法二）

■■■ 案例 4：西门子 V90 伺服系列单轴回原点控制

单轴丝杠螺距为 4mm，伺服控制的精度要求为 0.001mm。AB 段的距离为 100mm，原点开关的直径为 10mm。要求按下启动回原点按钮"I0.0"时，运动平台快速向原点开关 I0.1 方向运行，碰到原点开关后慢速运行，碰到原点开关下降沿停止运行。按照要求编写相应的程序。本案例运动控制平台示意图如图 4-44 所示，I/O 分配表见表 4-23。

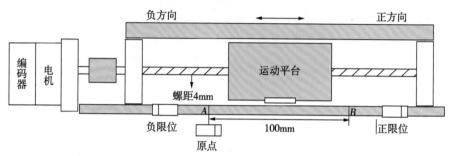

图 4-44 案例 4 运动控制平台示意图

表 4-23 案例 4 I/O 分配表

输入	功能	输出	功能
I0.0	启动回原点	Q0.0	脉冲输出口
I0.1	原点开关	Q0.2	电机运行方向

第一步：计算电机转一圈需要的脉冲数。

伺服控制精度要求为 0.001mm，那么可理解为伺服驱动器发一个脉冲，运动平台走的距离为 0.001mm。由题意可知，单轴丝杠螺距为 4mm，即电机转一圈丝杠（或运动平台）走的距离为 4mm。

可计算电机转一圈需要的脉冲数为 4mm/0.001mm=4000。

那么要达到控制精度为 0.001mm 的要求，圈脉冲必须达到 4000 个以上。本案例取 4000 个。

第二步：计算电机需要的总脉冲数。

由题意可知，AB 段距离为 100mm，电机转一圈，运动平台移动 4mm，因此电机需要转 25 圈（100mm/4mm=25），运动平台才能走完 100mm。由第一步分析可知，本案例中圈脉冲为 4000 个，所以 AB 段电机需要的总脉冲数为 4000×25=100000。

原点开关上升沿到下降沿的脉冲量至少为 4000×（10mm/4mm）=10000，这里取 11000 个。

第三步：计算脉冲周期。

由于回原点需要较慢的速度，所以在本案例中，设定启动回原点的周期为 200μs，触碰到原点开关的周期为 600μs。

第四步：调节伺服驱动器电子齿轮比。

西门子 V90 伺服电机编码器的分辨率为 10000,那么可知伺服电机转一圈,编码器输出 10000 个检测脉冲。

如果丝杠螺距为 4mm,那么可以求出伺服电机的固有精度即固有脉冲当量为 4mm/10000。

如果要求输入一个指令脉冲时,运动平台位移为 0.001mm(指令脉冲当量),那么伺服电机转一圈需要输入的指令脉冲数为 4mm/0.001mm=4000。就是说,伺服电机转一圈时,输给主控器的指令脉冲量是 4000 个,每输入一个指令脉冲,运动平台精确移动 0.001mm;电机转一圈输入的指令脉冲量(4000 个)和编码器输出检测脉冲量(10000 个)不相符,这时候我们通过伺服放大器内部虚拟电子齿轮,利用电子齿轮比将指令脉冲量(4000 个)换算成编码器分辨率(10000)。

可得到电子齿轮比为 10000/4000。

伺服驱动器电子齿轮比的调节方法有两种。

第一种方法:直接设置圈脉冲,不用设置电子齿轮比分子、分母参数,见表 4-24。

表 4-24 直接设置圈脉冲

P29011	电机每旋转一圈的脉冲数	4000	设定相当于电机每旋转一圈的指令脉冲数

第二种方法:不设置圈脉冲,设置电子齿轮比分子、分母参数,见表 4-25。

表 4-25 设置电子齿轮比分子、分母

P29011	电机每旋转一圈的脉冲数	0	设置为 0,电子齿轮比需通过 P29012 和 P29013 设定
P29012	指令分倍频分子	10000	P29011 为 0,P29012 和 P29013 有效
P29013	指令分倍频分母	4000	P29011 为 0,P29012 和 P29013 有效

第五步:编写 PLC 程序。

主程序如图 4-45 所示。

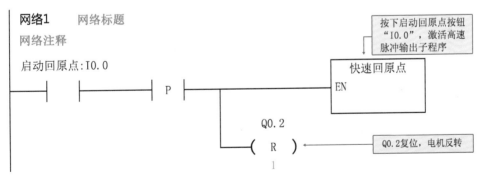

图 4-45 西门子 V90 伺服系统单轴回原点控制主程序

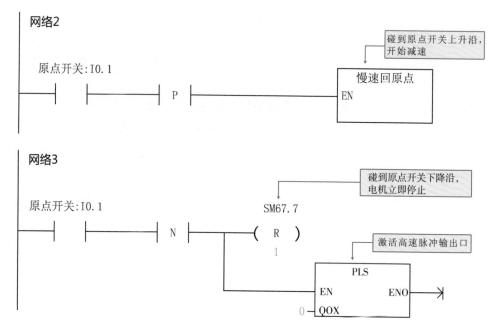

续图 4-45

快速回原点子程序如图 4-46 所示。

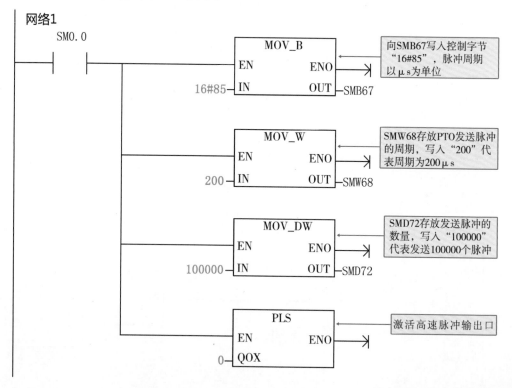

图 4-46 快速回原点子程序

慢速回原点子程序如图 4-47 所示。

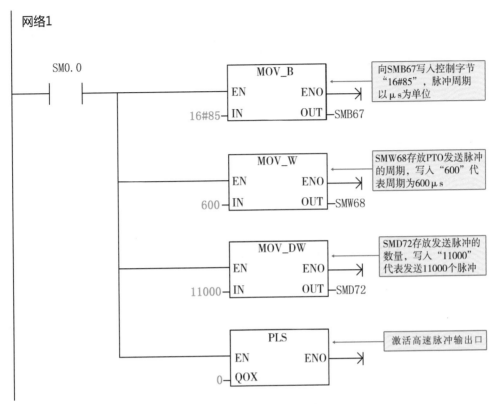

图 4-47 慢速回原点子程序

第5章

步进电机

5.1 步进电机概述

步进电机又称为脉冲电机，它基于最基本的电磁原理，利用可自由回转的电磁铁，依靠气隙磁导的变化来产生电磁转矩。二十世纪初，步进电机广泛应用于电话自动交换机以及缺乏交流电源的船舶和飞机等独立系统中。二十世纪五十年代后期，晶体管逐渐应用在步进电机上，使数字化的控制变得更为容易；到了八十年代，由于廉价的微型计算机以多功能的姿态出现，步进电机的控制方式更加灵活多样。

步进电机相对于其他控制用途电机的最大区别是，它接收电脉冲信号并将其转化成与之相对应的角位移或线位移，即它本身就是一个完成数字模式转化的执行元件。而且它可实现开环位置控制，输入一个脉冲信号就得到一个规定的位置增量。这种增量位置控制系统与传统的直流控制系统相比，其成本明显降低，几乎不用进行系统调整。步进电机的角位移量与输入的脉冲数严格成正比，而且在时间上与脉冲同步。因而用户只要控制步进电机脉冲的数量、频率和电机绕组的相序，即可获得所需的转角、速度和方向。

5.2 步进电机的主要分类

步进电机从结构形式上可分为反应式步进电机、永磁式步进电机、混合式步进电机、单相步进电机、平面步进电机等多种类型。我国所采用的步进电机以反应式步进电机为主。步进电机的运行性能与控制方式有密切的关系，步进电机控制系统按控制方式，可以分为以下三类：开环控制系统、闭环控制系统、半闭环控制系统。半闭环控制系统在实际应用中一般归类于开环或闭环控制系统中。

反应式步进电机：定子上有绕组，转子由软磁材料组成。其特点是结构简单，成本低，步距角小，步距角可达 1.2°，但动态性能差，效率低，发热量大，可靠性难保证。

永磁式步进电机：转子用永磁材料制成，转子的极数与定子的极数相同。其特点是动态性能好，输出力矩大，但这种电机精度差，步距角大（一般为 7.5° 或 15°）。

混合式步进电机：综合了反应式和永磁式步进电机的优点，其定子上有多相绕组，转子采用永磁材料，转子和定子上均有多个小齿以提高步距精度。其特点是输出力矩大，动态性能好，步距角小，但结构复杂，成本相对较高。

按定子上绕组来分，混合式步进电机有二相、三相和五相等系列，最受欢迎的是两相混合式步进电机，占 97% 以上的市场份额，原因是其性价比高，配上细分驱动器后效果良好。该种电机的基本步距角为 1.8°，配上半步驱动器后，步距角减小为 0.9°，配上细分驱动器后其步距角可细分 256 倍（即步距角为 0.007°）。但由于摩擦力和制造精度等，其实际控制精度略低。同一步进电机可配不同细分驱动器以改变精度和效果。

5.3 步进电机的选择

步进电机有步距角（涉及相数）、静力矩及电流三大参数。一旦这三大参数确定，步进电机的型号便确定下来了。

5.3.1 步距角的选择

步进电机的步距角取决于负载精度，将负载的最小分辨率（当量）换算到电机轴上，可得每个当量电机应走的角度（包括减速），电机的步距角应等于或小于此角度。目前市场上步进电机的步距角一般有 0.36°/0.72°（五相电机）、0.9°/1.8°（二、四相电机）、1.5°/3°（三相电机）等。

5.3.2 静力矩的选择

步进电机的动态力矩很难确定，往往先确定电机的静力矩。静力矩的选择依据是电机工作的负载，而负载可分为惯性负载和摩擦负载两种。单一的惯性负载和单一的摩擦负载是不存在的。直接启动（一般由低速）时两种负载均要考虑，加速启动时主要考虑惯性负载，恒速运行时只需考虑摩擦负载。一般情况下，静力矩应为摩擦负载的 2~3 倍较好。静力矩一旦选定，电机的机座及其几何尺寸便能确定下来。

5.3.3 电流的选择

静力矩相同的步进电机，由于电流参数不同，其运行特性差别很大，可依据矩频特性曲线图来判断及选择电机的电流（参考驱动电源及驱动电压）。

5.3.4 力矩与功率的换算

步进电机一般在较大范围内调速，其功率是变化的，一般只用力矩来衡量。力矩与功率的换算公式如下：

$$P = \Omega \cdot M$$
$$\Omega = 2\pi \cdot n/60$$
$$P = 2\pi nM/60$$

其中：P 为功率，单位为 W；Ω 为角速度，单位为 rad/s；n 为转速，单位为 r/min；M 为力矩，单位为 N·m。

$$P = 2\pi fM/400 \quad （半步工作时）$$

其中：f 为每秒脉冲数（简称 PPS)。

5.4 工作原理

通常步进电机的转子为永磁体，当电流流过定子绕组时，定子绕组产生一矢量磁场。该磁场会带动转子旋转一角度，使得转子的磁场方向与定子的磁场方向一致。当定子的矢量磁场旋转一角度，转子也随着该磁场转一角度。每输入一个电脉冲，电机转动一个角度。它输出的角位移与输入的脉冲数成正比，且转速与脉冲频率成正比。改变绕组通电的顺序，电机就会反转。所以控制脉冲的数量、频率及电机各相绕组的通电顺序可控制步进电机的转动。

5.5 发热原理

通常见到的各类电机，内部都是有铁心和绕组线圈的。绕组有电阻，通电时会产生损耗，损耗值与电阻和电流的平方成正比，这就是我们常说的铜损。如果电流不是标准的直流或正弦波，还会产生谐波损耗。铁心有磁滞涡流效应，在交变磁场中也会产生损耗，其值与材料、电流、频率、电压有关，这叫铁损。铜损和铁损都会以发热的形式表现出来，从而影响电机的效率。步进电机一般追求高定位精度和大力矩输出，效率比较低，电流一般比较大，且谐波成分高，电流交变的频率也随转速变化而变化，因而步进电机普遍存在发热情况，且情况比一般交流电机严重。

5.6 静态指标术语

步进电机：指利用电磁原理将电脉冲信号转换为线位移或角位移的设备。

脉冲：可以理解为上升沿信号和下降沿信号。

步距角：指每发送一个电脉冲信号，电机转子转过的角度，步进电机的步距角是固定值。

两相步进电机步距角一般为 1.8°。

三相步进电机步距角一般为 1.5°。

四相步进电机步距角一般为 0.9°。

五相步进电机步距角一般为 0.72°。

圈脉冲：指转子转一圈所需要的脉冲数。一圈为 360°，当细分倍数为 1 时，可求出两相步进电机圈脉冲一般为 200 个，三相步进电机圈脉冲一般为 240 个，四相步进电机圈脉冲一般为 400 个，五相步进电机圈脉冲一般为 500 个。

螺距：指螺纹相邻两牙在中径线上对应两点间的轴向距离。

脉冲当量：指发一个脉冲信号时滑台的位移量（涉及精度的问题）。

5.7 动态指标术语

步距角精度：指步进电机每转过一个步距角，其实际值与理论值的误差，用百分数表示，即（差值 ÷ 步距角理论值）× 100%。不同运行拍数下误差不同，四拍运行时应在 5% 之内，八拍运行时应在 15% 以内。

失步：指电机运转时的步数不等于理论步数的情况。

失调角：指转子齿轴线相对于定子齿轴线偏移的角度。电机运转必存在失调角，由失调角产生的误差，是不能采用细分驱动器解决的。

最大空载启动频率：指电机在某种驱动形式、电压及额定电流下，在不加负载的情况下，能够直接启动的最大频率。

最大空载运行频率：指电机在某种驱动形式、电压及额定电流下，不带负载的最高转速频率。

5.8 驱动方法

步进电机不能直接连接在工频交流或直流电源上工作，而必须使用专用的步进电机驱动器，它由脉冲发生控制单元、功率驱动单元、保护单元等组成。驱动单元与步进电机直接耦合，也可理解成步进电机微机控制器的功率接口。

5.9 步进驱动器和电机介绍

5.9.1 步进驱动器和电机外观

步进驱动器和电机外观如图 5-1 所示。

图 5-1 步进驱动器和电机外观

5.9.2 图解步进驱动器

步进驱动器外观及接口说明如图 5-2 所示。

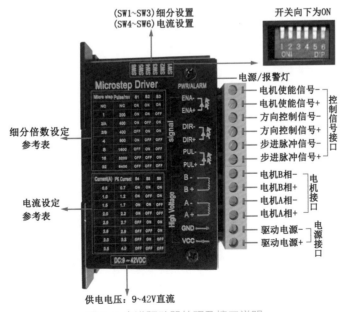

图 5-2 步进驱动器外观及接口说明

5.9.3 图解电机

电机组成说明如图 5-3 所示。

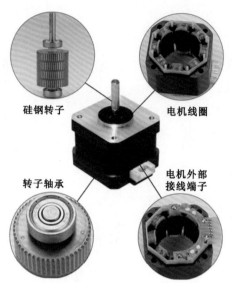

图 5-3 电机组成说明

5.9.4 步进驱动器与电机接口介绍

1. 驱动器功能介绍

驱动器功能介绍见表 5-1。

表 5-1 驱动器功能介绍

驱动器功能	操作说明
指示灯	驱动器有红色和绿色两个指示灯。其绿色灯为电源指示灯，当驱动器上电后绿色灯闪烁；红色灯为故障指示灯，当出现过压、过流故障时，红色故障灯闪烁。当驱动器出现故障时，只有重新接上电和重启使能才能清除故障
信号接口	脉冲信号 PUL+ 和 PUL - 为控制脉冲信号正端和负端； 方向信号 DIR+ 和 DIR - 为控制方向信号正端和负端； 使能信号 ENA+ 和 ENA - 为控制使能信号正端和负端
细分设定	SW1 ~ SW3 三个拨码开关用来选择 8 挡微步细分。请对照驱动器面板选择对应细分倍数，设置时需保证驱动器不动作
电流设定	SW4~ SW6 三个拨码开关用来选择 8 挡输出电流。请对照驱动器面板选择对应电流，设置时需保证驱动器不动作
电源接口	采用直流电源供电，DM542C 工作电压范围建议为 12~ 36V（直流），电源功率大于 100W
电机接口	电机 A+ 和电机 A- 接步进电机 A 相绕组的正负端； 电机 B+ 和电机 B- 接步进电机 B 相绕组的正负端； 当 A、B 两相绕组调换时，可使电机转动方向反向。

2．驱动器接口介绍

驱动器接口介绍见表 5-2。

表 5-2 驱动器接口介绍

接口	符号	定义	备注
脉冲信号接口	PUL+	脉冲信号正极	在默认的 PUL+DIR 指令模式下时，用于控制电机运行的速度与行程； 在 CW+CCW 模式下时，用于控制电机正转速度与行程
	PUL–	脉冲信号负极	
方向信号接口	DIR+	方向信号正极	在默认的 PUL.+DIR 指令模式下时，用于控制电机运行的方向； 在 CW+CCW 模式下时，用于控制电机反转速度与行程
	DIR–	方向信号负极	
使能信号接口	ENA+	使能信号正极	默认设置时，内部光耦不导通，驱动器处于使能状态，驱动器响应上述 PUL/DIR 信号；输入信号使内部光耦导通，驱动器处于不使能状态，电机处于自由状态。使能可以根据客户需求修改
	ENA–	使能信号负极	

3．电源和电机接口介绍

电源和电机接口介绍见表 5-3。

表 5-3 电源和电机接口介绍

接口	符号	定义	备注
电源输入接口	VCC	直流电源正极	直流电压 12~36V
	GND	直流电源负极	
电机接线接口	A+	步进电机 A 相绕组	任意对调 A 相或者 B 相绕组接线，可以改变电机运行方向。不同电机绕组接线方式请参考两相步进电机接线标识
	A–		
	B+	步进电机 B 相绕组	
	B–		

5.10 细分倍数设定和圈脉冲计数

细分倍数是由驱动器面板上的拨码开关选择设定的，用户可根据驱动器外壳上细分倍数设定参考表中的数据设定细分倍数 (最好在断电情况下设定)。

1．细分倍数设定

细分倍数设定表格如表 5-4 所示。

表 5-4 细分倍数设定表格

细分	每转脉冲数	SW1 状态	SW2 状态	SW3 状态
NC	NC	ON	ON	ON
1	200	ON	ON	OFF

细分	每转脉冲数	SW1 状态	SW2 状态	SW3 状态
2/A	400	ON	OFF	ON
2/B	400	OFF	ON	ON
4	800	ON	OFF	OFF
8	1600	OFF	ON	OFF
16	3200	OFF	OFF	ON
32	6400	OFF	OFF	OFF

2．步进电机步距角

两相步进电机步距角一般为 1.8°。

三相步进电机步距角一般为 1.5°。

四相步进电机步距角一般为 0.9°。

五相步进电机步距角一般为 0.72°。

3．步进圈脉冲

对于配了细分驱动器的步进电机，步进圈脉冲为圈脉冲与细分倍数（K）的积。

两相步进电机步进圈脉冲一般为 200K。

三相步进电机步进圈脉冲一般为 240K。

四相步进电机步进圈脉冲一般为 400K。

五相步进电机步进圈脉冲一般为 500K。

例如：一台两相步进电机固有步距角为 1.8°，把 SW1/SW2/SW3 调到 OFF/ON/OFF 后，细分倍数 $K=8$，步进圈脉冲数 $=200 \times 8=1600$。

5.11 步进电机电流设置

SW4/SW5/SW6 拨码开关对应的电机电流如表 5-5 所示。

表 5-5 SW4/SW5/SW6 拨码开关对应的电机电流

电流 /A	SW4 状态	SW5 状态	SW6 状态
0.5	ON	ON	ON
1.0	ON	OFF	ON
1.5	ON	ON	OFF
2.0	ON	OFF	OFF
2.5	OFF	ON	ON
2.8	OFF	OFF	ON
3.0	OFF	ON	OFF
3.5	OFF	OFF	OFF

步进电机参数如图 5-4 所示。

图 5-4 步进电机参数

图 5-4 中，步进电机电流是 1.5A，SW4/SW5/SW6 拨码开关要调到 ON/ON/OFF。

5.12 步进驱动器与西门子 200 PLC 的接线

步进驱动器与西门子 200 PLC 的接线如图 5-5 所示。

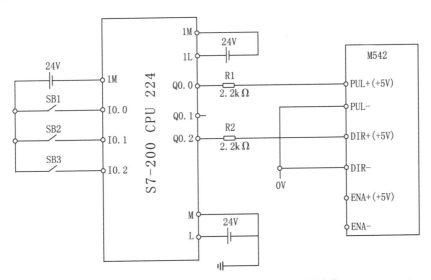

图 5-5 步进驱动器与西门子 200 PLC 的接线

5.13 PLC 程序控制案例

案例 1：步进驱动器正反转控制

单轴丝杠螺距为 4mm，步进控制的精度要求为 0.001mm。要求按下 "I0.0"，电机正转，运动平台移动 16mm，且在 2s 内完成；按下 "I0.1"，电机反转，运动平台移动 16mm，且在 2s 内完成；按下 "I0.2"，电机停止运动。求对应的脉冲数，并写出相应的程序。本案例运动控制平台示意图如图 5-6 所示，I/O 分配表见表 5-6。

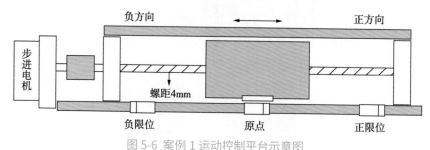

图 5-6 案例 1 运动控制平台示意图

表 5-6 案例 1 I/O 分配表

输入	功能	输出	功能
I0.0	正转按钮	Q0.0	脉冲输出口
I0.1	反转按钮	Q0.2	电机运行方向
I0.2	停止按钮		

第一步：计算电机转一圈需要的脉冲数。

步进控制精度要求为 0.001mm，那么可理解为步进驱动器发一个脉冲，运动平台走的距离为 0.001mm。由题意可知，单轴丝杠螺距为 4mm，即电机转一圈丝杠（或运动平台）走的距离为 4mm。

可计算电机转一圈需要的脉冲数为 4mm/0.001mm=4000。

那么要达到控制精度为 0.001mm 的要求，圈脉冲必须达到 4000 个以上。本案例取 6400 个。

第二步：计算电机需要的总脉冲数。

根据题意，要求按下 "I0.0" 走 16mm，由此可知步进电机需要转 4 圈，由上述分析以及案例要求，圈脉冲为 6400 个。

可计算电机需要的总脉冲数为 4×6400=25600。

第三步：计算脉冲周期。

由题意可知需要在 2s 内走完 16mm，脉冲总量为 25600 个。

可计算脉冲周期为 2s/25600=0.00008s=0.08ms=80μs。

第四步：调节步进驱动器细分倍数。

步进驱动器的细分倍数是固定的，需通过拨码开关选择。步进驱动器细分倍数调节参数如表 5-4 所示。

如果丝杠螺距为 4mm，要求输入一个指令脉冲时，运动平台位移为 0.001mm(指令脉冲

当量)，那么步进电机转一圈需要输入的指令脉冲数为 4mm/0.001mm=4000。就是说，步进电机转一圈时，输给主控器的指令脉冲是 4000 个，每输入一个指令脉冲，运动平台精确移动 0.001mm。步进驱动器的细分倍数是固定值，即 1、2、4、8、16 以及 32，由表 5-4 可以看出，当细分倍数为 16 时，圈脉冲为 3200 个，不能满足要求；当细分倍数为 32 时，圈脉冲为 6400 个，6400 个 >4000 个，满足要求。

第五步：编写 PLC 程序。

主程序如图 5-7 所示。

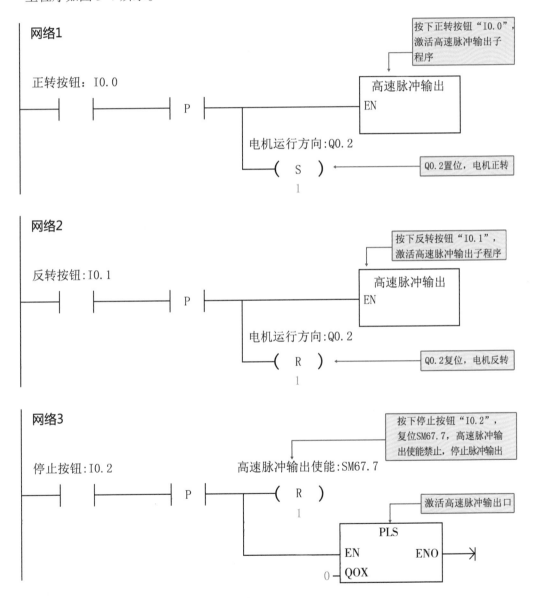

图 5-7 步进驱动器正反转控制主程序

高速脉冲输出子程序如图 5-8 所示。

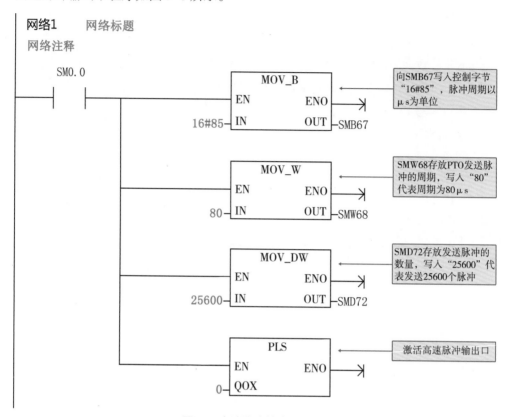

图 5-8 高速脉冲输出子程序

■■案例 2：步进电机左右限位往返运动控制

单轴丝杠螺距为 4mm，步进控制的精度要求为 0.001mm。要求按下 "I0.0"，步进电机正转，且运动平台在 32s 内完成一次往返运动。正限位到负限位的距离为 30mm，一次往返运动距离为 60mm。按下 "I0.1"，电机停止运行。运动平台碰到负限位以后，步进电机正转。运动平台碰到正限位以后，步进电机反转。按照要求编写相应的程序。本案例运动控制平台示意图如图 5-9 所示，I/O 分配表见表 5-7。

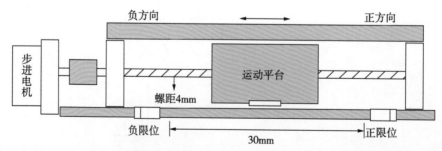

图 5-9 案例 2 运动控制平台示意图

表 5-7 案例 2 I/O 分配表

输入	功能	输出	功能
I0.0	启动按钮	Q0.0	脉冲输出口
I0.1	停止按钮	Q0.2	电机运行方向
I1.0	右限位		
I1.1	左限位		

第一步：计算电机转一圈需要的脉冲数。

步进控制精度要求为 0.001mm，那么可理解为步进驱动器发一个脉冲，运动平台走的距离为 0.001mm。由题意可知，单轴丝杠螺距为 4mm，即电机转一圈丝杠（或运动平台）走的距离为 4mm。

可计算电机转一圈需要的脉冲数为 4mm/0.001mm=4000。

那么要达到控制精度为 0.001mm 的要求，圈脉冲必须达到 4000 个以上。本案例取 6400 个。

第二步：计算电机需要的总脉冲数。

根据题意，正限位与负限位间的距离为 30mm，由此可知步进电机需要转 7.5 圈，由上述分析以及案例要求，圈脉冲数为 6400 个。

可计算电机需要的总脉冲数为 7.5×6400=48000。

第三步：计算脉冲周期。

由题意可知，需要在 16s 内走完 30mm，脉冲总量为 48000 个。

可计算脉冲周期为 16s/48000=0.0003s=0.3ms=300μs。

第四步：调节步进驱动器细分倍数。

步进驱动器的细分倍数是固定的，需通过拨码开关选择。步进驱动器细分倍数调节参数如表 5-4 所示。

如果丝杠螺距为 4mm，要求输入一个指令脉冲时，运动平台位移为 0.001mm(指令脉冲当量)，那么步进电机转一圈需要输入的指令脉冲数为 4mm/0.001mm=4000。就是说，步进电机转一圈时，输给主控器的指令脉冲是 4000 个，每输入一个指令脉冲，运动平台精确移动 0.001mm。步进驱动器的细分倍数是固定值，即 1、2、4、8、16 以及 32，由表 5-4 可以看出，当细分倍数为 16 时，圈脉冲为 3200 个，不能满足要求；当细分倍数为 32 时，圈脉冲为 6400 个，6400 个 >4000 个，满足要求。

第五步：编写 PLC 程序。

主程序如图 5-10 所示。

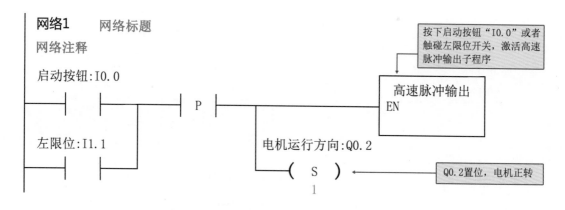

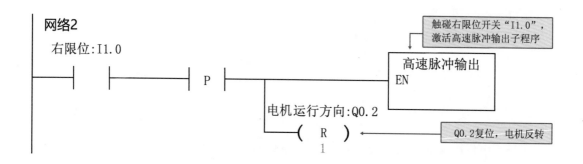

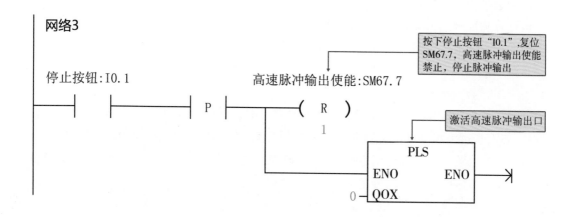

图 5-10 步进电机左右限位往返运动控制主程序

高速脉冲输出子程序如图 5-11 所示。

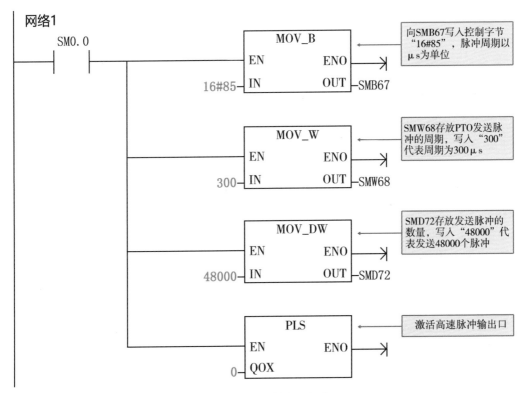

图 5-11 高速脉冲输出子程序

■■ 案例 3: 步进电机 A、B、C 三点往返运动控制

单轴丝杠螺距为 4mm, 步进控制的精度要求为 0.001mm, 运动平台停在 A 点。

按下"I0.0", 步进电机正转, 运动平台从 A 点开始移动, 10s 走 60mm 到 B 点停止。停止 2s 后又开始前进, 10s 走 60mm 到 C 点停止。2s 后步进电机启动, 运动平台在 20s 内直接返回 A 点, 然后步进电机停止。

再次按下"I0.0", 运动平台重复走以上的轨迹。

本案例运动控制平台示意图如图 5-12 所示, I/O 分配表见表 5-8。

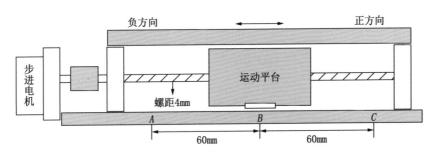

图 5-12 案例 3 运动控制平台示意图

表 5-8 案例 3 I/O 分配表

输入	功能	输出	功能
I0.0	启动按钮	Q0.0	脉冲输出口
I0.1	停止按钮	Q0.2	电机运行方向

第一步：计算电机转一圈需要的脉冲数。

步进控制精度要求为 0.001mm，那么可理解为步进驱动器发一个脉冲，运动平台走的距离为 0.001mm。由题意可知，单轴丝杠螺距为 4mm，即电机转一圈丝杠（或运动平台）走的距离为 4mm。

可计算电机转一圈需要的脉冲数为 4mm/0.001mm=4000。

那么要达到控制精度为 0.001mm 的要求，圈脉冲必须达到 4000 个以上。本案例取 6400 个。

第二步：计算电机需要的总脉冲数。

（1）计算 AB 段脉冲数。由题意可知，AB 段距离为 60mm，电机转一圈，运动平台移动 4mm，因此电机需转 15 圈（60mm/4mm=15），运动平台才能走完 AB 段。由第一步分析可知，本案例中圈脉冲为 6400 个，所以 AB 段电机需要的总脉冲数为 6400×15=96000。

（2）计算 BC 段脉冲数。由题意可知，BC 段距离为 60mm，电机转一圈，运动平台移动 4mm，因此电机需转 15 圈（60mm/4mm=15），运动平台才能走完 BC 段。由第一步分析可知，本案例中圈脉冲为 6400 个，所以 BC 段电机需要的总脉冲数为 6400×15=96000。

（3）计算 CA 段脉冲数。由题意可知，CA 段距离为 120mm，电机转一圈，运动平台移动 4mm，因此电机需转 30 圈（120mm/4mm=30），运动平台才能走完 CA 段。由第一步分析可知，本案例中圈脉冲为 6400 个，所以 CA 段电机需要的总脉冲数为 6400×30=192000。

总脉冲数示意图如图 5-13 所示。

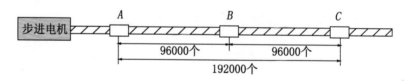

图 5-13 总脉冲数示意图

第三步：计算脉冲周期。

针对 AB 段，由题意可知，要在 10s 内走完 60mm，脉冲总数为 96000 个。

可计算脉冲周期为 10s/96000=0.000104s=0.104ms=104μs。

针对 BC 段，由题意可知，要在 10s 内走完 60mm，脉冲总数为 96000 个。

可计算脉冲周期为 10s/96000=0.000104s=0.104ms=104μs。

针对 CA 段，由题意可知，要在 20s 内走完 120mm，脉冲总数为 192000 个。

可计算脉冲周期为 20s/192000=0.000104s=0.104ms=104μs。

第四步：调节步进驱动器细分倍数。

步进驱动器的细分倍数是固定的，需通过拨码开关选择。步进驱动器细分倍数调节参数如表 5-4 所示。

如果丝杠螺距为 4mm，要求输入一个指令脉冲时，运动平台位移为 0.001mm（指令脉冲当量），那么步进电机转一圈需要输入的指令脉冲数为 4mm/0.001mm=4000。就是说，步进电机转一圈时，输给主控器的指令脉冲是 4000 个，每输入一个指令脉冲，运动平台精确移动 0.001mm。步进驱动器的细分倍数是固定值，即 1、2、4、8、16 以及 32，由表 5-4 可以看出，当细分倍数为 16 时，圈脉冲为 3200 个，不能满足要求；当细分倍数为 32 时，圈脉冲为 6400 个，6400 个 >4000 个，满足要求。

第五步：编写 PLC 程序。

方法一：使用中断方式实现步进电机 A、B、C 三点往返运动控制。

主程序如图 5-14 所示。

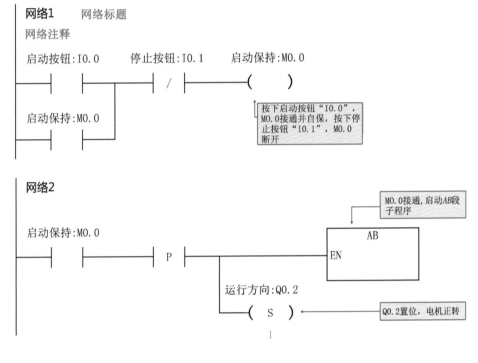

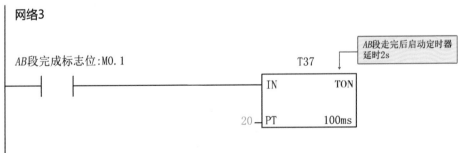

图 5-14 步进电机 A、B、C 三点往返运动控制主程序（方法一）

网络4

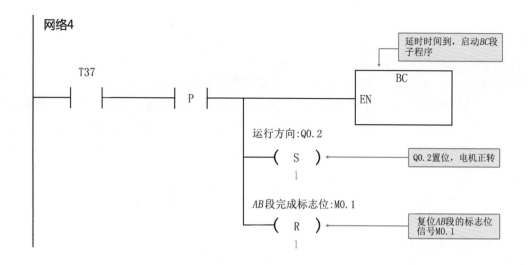

网络5

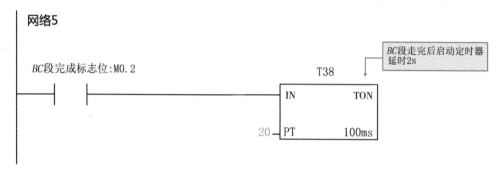

网络6

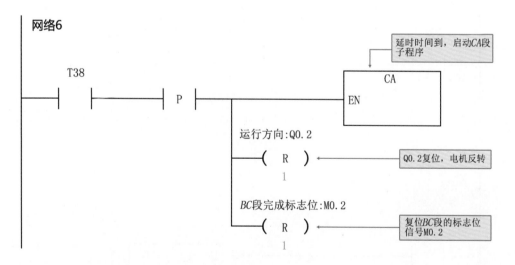

续图 5-14

网络7

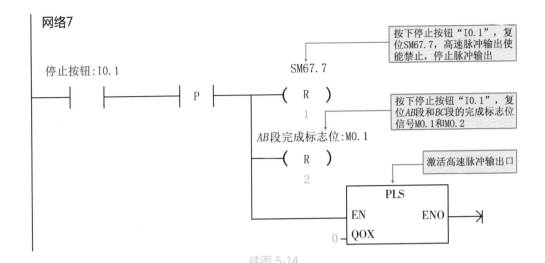

续图 5-14

AB 段子程序如图 5–15 所示。

网络1

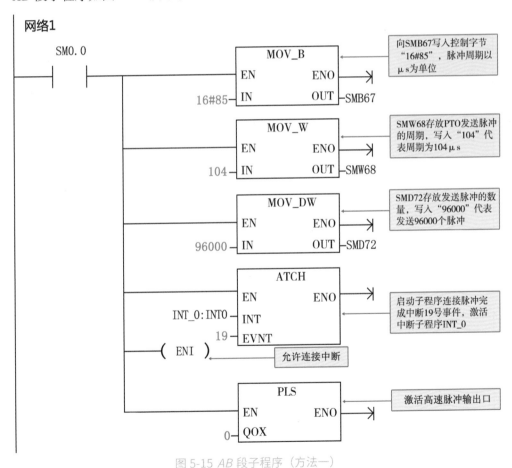

图 5-15 AB 段子程序（方法一）

BC 段子程序如图 5-16 所示。

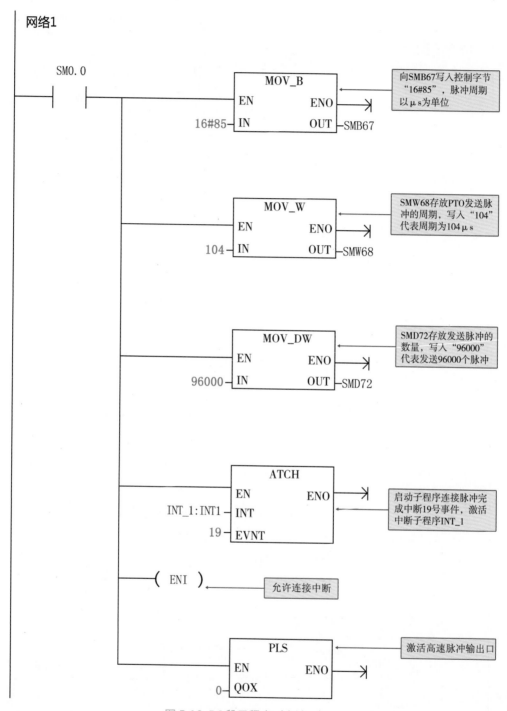

图 5-16 *BC* 段子程序（方法一）

CA 段子程序如图 5–17 所示。

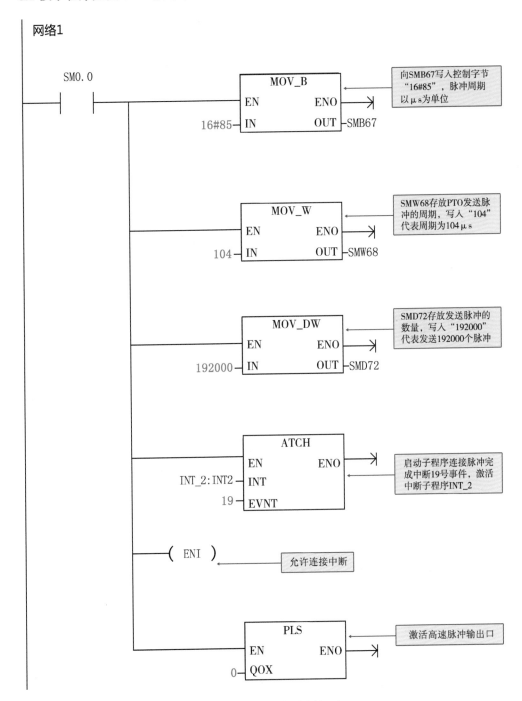

图 5-17 *CA* 段子程序（方法一）

中断子程序 1 如图 5-18 所示。

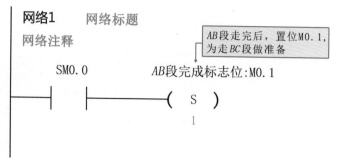

图 5-18 中断子程序 1

中断子程序 2 如图 5-19 所示。

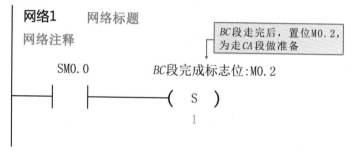

图 5-19 中断子程序 2

中断子程序 3 如图 5-20 所示。

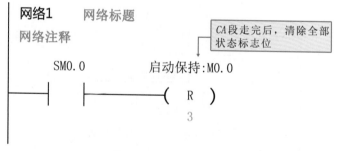

图 5-20 中断子程序 3

方法二：使用定时器实现步进电机 A、B、C 三点往返运动控制。

由题意可知，AB、BC、CA 段周期均为 104μs，AB 段的总脉冲数为 96000 个，那么 AB 段的总时间为 96000 × 104μs ≈ 10s，AB 段执行完成后停 2s。

BC 段的总脉冲数为 96000 个，那么 BC 段的总时间为 96000 × 104μs ≈ 10s，BC 段执行完成后停 2s。

CA 段的总脉冲数为 192000 个，那么 CA 段的总时间为 192000 × 104μs ≈ 20s，CA 段执行完成后电机停止。

总时间示意图如图 5-21 所示。

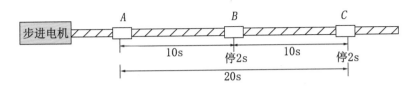

图 5-21 总时间示意图

主程序如图 5-22 所示。

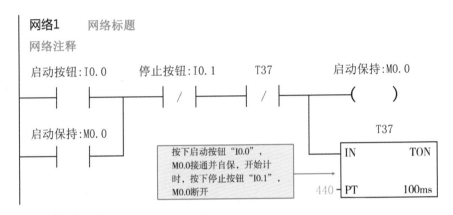

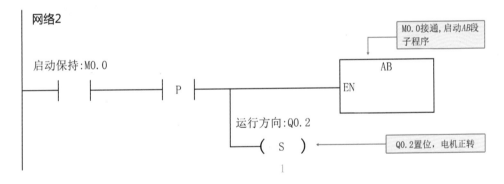

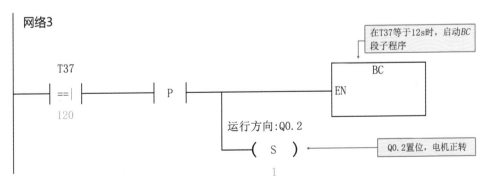

图 5-22 步进电机 *A*、*B*、*C* 三点往返运动控制主程序（方法二）

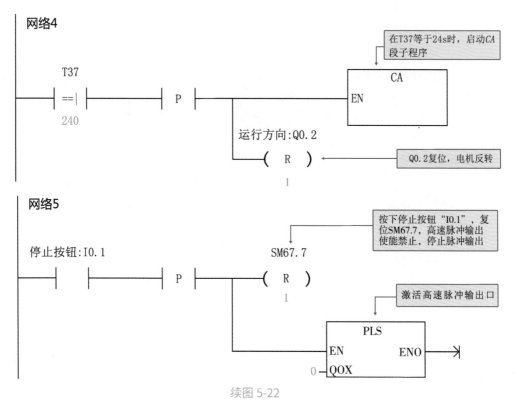

AB 段子程序如图 5–23 所示。

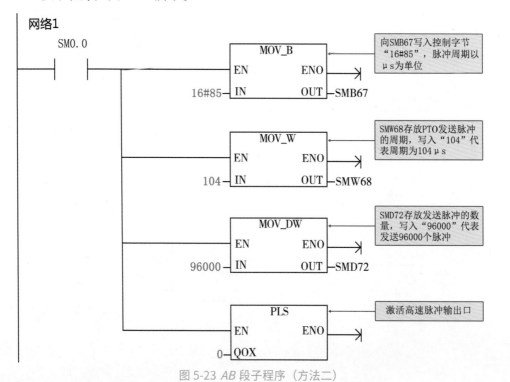

图 5-23 *AB* 段子程序（方法二）

BC 段子程序如图 5–24 所示。

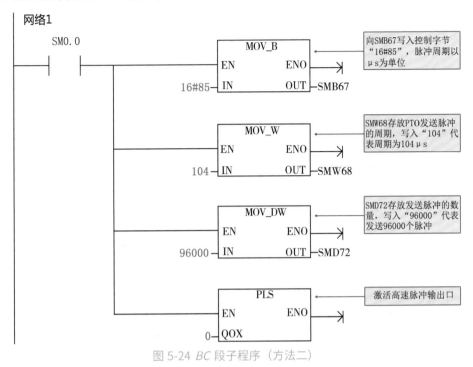

图 5-24 *BC* 段子程序（方法二）

CA 段子程序如图 5–25 所示。

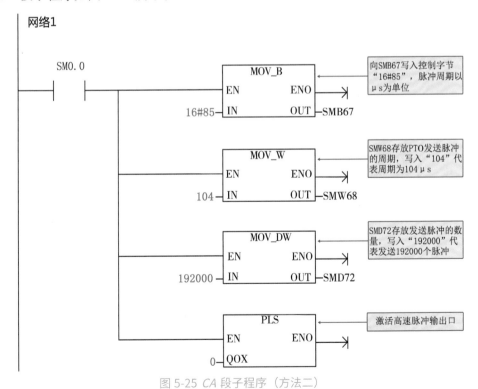

图 5-25 *CA* 段子程序（方法二）

■■■ 案例 4：步进电机单轴回原点控制

单轴丝杠螺距为 4mm，步进控制的精度要求为 0.001mm。AB 段距离为 80mm，原点开关的直径为 8mm。要求按下启动回原点按钮"I0.0"时，运动平台快速向原点开关 I0.1 方向运行，碰到原点开关后慢速运行，碰到原点开关下降沿停止运行。本案例运动控制平台示意图如图 5-26 所示，I/O 分配表见表 5-9。

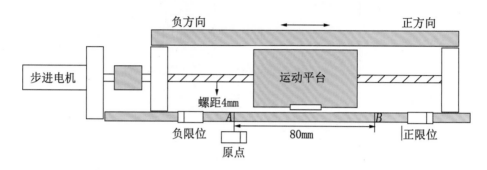

图 5-26 案例 4 运动控制平台示意图

表 5-9 案例 4 I/O 分配表

输入	功能	输出	功能
I0.0	启动回原点	Q0.0	脉冲输出口
I0.1	原点开关	Q0.2	电机运行方向

第一步：计算电机转一圈需要的脉冲数。

步进控制精度要求为 0.001mm，那么可理解为步进驱动器发一个脉冲，运动平台走的距离为 0.001mm。由题意可知，单轴丝杠螺距为 4mm，即电机转一圈丝杠（或运动平台）走的距离为 4mm。

可计算电机转一圈需要的脉冲数为 4mm/0.001mm=4000。

那么要达到控制精度为 0.001mm 的要求，圈脉冲必须达到 4000 个以上。本案例取 6400 个。

第二步：计算电机需要的总脉冲数。

由题意可知，AB 段距离为 80mm，电机转一圈，运动平台移动 4mm，因此电机需转 20 圈。由第一步分析可知，本案例中圈脉冲为 6400 个，所以 AB 段电机需要的总脉冲数为 6400×20=128000。

原点开关上升沿到下降沿的脉冲量为 6400×（8mm/4mm）=12800，这里取 13000 个。

第三步：计算脉冲周期。

由于回原点需要较慢的速度，所以在本案例中，设定启动回原点的周期为 200μs，触碰到原点开关的周期为 600μs。

第四步：调节步进驱动器细分倍数。

步进驱动器的细分倍数是固定的，需通过拨码开关选择。步进驱动器细分倍数调节参数如表 5-4 所示。

如果丝杠螺距为 4mm，要求输入一个指令脉冲时，运动平台位移为 0.001mm(指令脉冲当量)，那么步进电机转一圈需要输入的指令脉冲数为 4mm/0.001mm=4000。就是说，步进电机转一圈时，输给主控器的指令脉冲是 4000 个，每输入一个指令脉冲，运动平台精确移动 0.001mm。步进驱动器的细分倍数是固定值，即 1、2、4、8、16 以及 32，由表 5-4 可以看出，当细分倍数为 16 时，圈脉冲为 3200 个，不能满足要求；当细分倍数为 32 时，圈脉冲为 6400 个，6400 个 >4000 个，满足要求。

第五步：编写 PLC 程序。

主程序如图 5-27 所示。

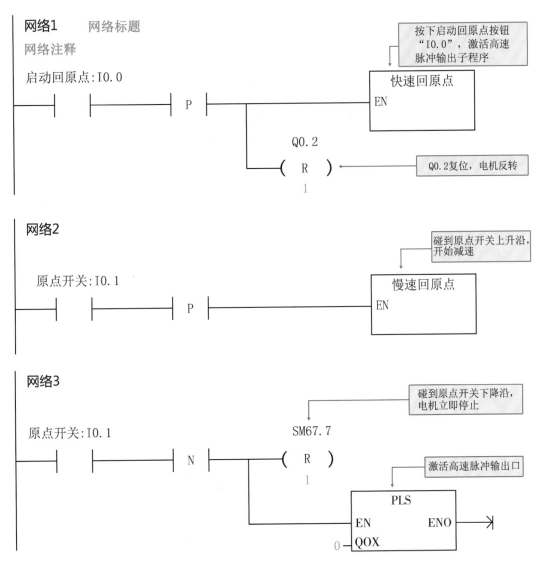

图 5-27 步进电机单轴回原点控制主程序

快速回原点子程序如图 5-28 所示。

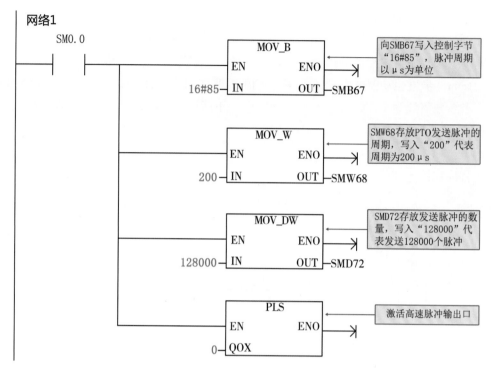

图 5-28 快速回原点子程序

慢速回原点子程序如图 5-29 所示。

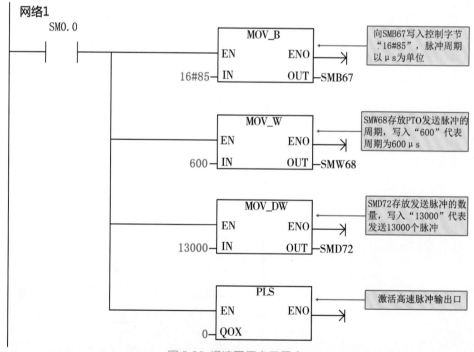

图 5-29 慢速回原点子程序

参 考 文 献

[1] 西门子有限公司自动化与驱动集团.深入浅出西门子 S7 –200 PLC[M].北京：北京航空航天大学出版社，2003.

[2] 赵景波，等.零基础学西门子 S7– 200 PLC[M].北京：机械工业出版社，2010.

[3] 刘华波，马艳.西门子 S7–200 PLC 编程及应 用案例精选 [M].北京：机械工业出版社，2016.

[4] 廖常初.PLC 编程及应用 [M].北京：机械工业出版社，2008.

[5] 向晓汉.西门子 PLC 工业通信完全精通教程 [M].北京：化学工业出版社，2013.

[6] 曹振华.精通伺服控制技术及应用 [M].北京：化学工业出版社，2022.